JN217818

最新 業界の常識 Industry Knowledge

よくわかる ガスエネルギー業界

垣見裕司【著】
Kakimi Yuji

日本実業出版社

はじめに

２０１6年には家庭用の電力自由化が、そして２０１7年には都市ガスの家庭用小売の自由化が始まりました。家庭用の電力においては、東京ガスと大阪ガスが新電力の1位と2位ですが、今まで家庭用の電気とは全く関係なかった石油元売であるＪＸＴＧエネルギーが、東京電力管内では、東京ガスに続いて2位の地位を占めるなど大変善戦しています。

長年過度の自由化で乱売競争にあけくれていた石油業界やＳＳ業界、そしてＬＰガス業界に身を置いてきた筆者としては、地域独占かつ総括原価方式の象徴であった電力業界と都市ガス業界に、やっとメスが入ったことを嬉しく思います。

改めて申し上げるまでもなく日本は、エネルギーのほとんどを輸入に頼っていますが、東日本大震災で多くの原発は停止し、その不足分をＬＮＧの火力発電で補っています。

実は業界関係者でさえその数字を見ると驚くのですが、東京電力1社の発電用のＬＮＧの使用量は、東京ガス、大阪ガス、東邦ガス大手3社の総販売量とほぼ同じなのです。

しかし原油備蓄が官民合わせて約１８０日もあるのに対し、ＬＮＧには備蓄義務がなく、実在庫も、20日程度しかないことは余り知られていません。

一方、東日本大震災や熊本地震で、最も強かった家庭用のエネルギーはＬＰガスです。ガソリンや灯油と違いパニックは起きず、津波被害のない地域では、電気や都市ガスより早く復旧したのは、東日本大震災でも熊本地震でもＬＰガスでした。

さらに、2020年から本格化すると言われている燃料電池自動車や水素スタンド等に代表される水素社会においても、オンサイト型の水素製造なら、その主役は天然ガスとLPガスなので、現在はもちろん、将来においてもガスは本当に重要なエネルギーなのです。

世界に目を転じても、米国で始まったシェールガスの大増産で米国の天然ガス価格は下がり、結果としてロシアの欧州向け価格も下がり、資源輸入大国日本も恩恵を受けました。

このシェールガスで培った技術は、シェールオイルの増産に繋がった結果、米国WTI原油価格はもちろん、中東や北海原油価格を下げることとなり、世界的な資源価格安のきっかけになったことは間違いありません。

本書『よくわかるガスエネルギー業界』は2013年11月に新規発行させて頂きました。「業界本は初版が売れ残らなければ大成功」と言われる中、2度も増刷させて頂き、5年目の今年に全面改訂をさせて頂けたことは、著者として誠に嬉しく思うと同時に、ガスエネルギー業界に、多少の貢献と恩返しができたのかなと大変感謝をしております。

本書が、従来のエネルギー業界の垣根を超えた「ガスエネルギー業界」の参考書として、業界を目指す学生諸氏や業界の若手社員、管理職、そして需要家や消費者の皆様のお役に立てれば幸いです。

なお本書出版に際し、関係者の皆様の多大なるご指導ご協力に、深く御礼申し上げます。

2018年2月

垣見　裕司

よくわかる

ガスエネルギー業界

もくじ

はじめに

第1章　日本のガス業界の現状

第2章 世界と日本の一次エネルギー
──LNG、LPガスと日本への輸入

第3章　世界のエネルギー価格を抑制した米国発のシェールガス

第4章　環境にやさしいガスエネルギー

第5章 自動車向けガスエネルギー
―天然ガススタンド・LPオートスタンドの実情と水素スタンドの可能性

第6章　都市ガス業界の課題と今後への対応
――いよいよ始まった自由化だが……

第7章　LPガス業界の課題と今後への対応

第8章　東日本大震災と熊本地震の教訓
―来るべき各地の大震災に如何に備えるか

第9章　将来に向けて日本のエネルギーを考える

本書の内容は2018年2月1日現在の情報に基づいています。

ブックデザイン／志岐デザイン事務所
本文ＤＴＰ／一企画

第 1 章

日本のガス業界の現状

日本のガスエネルギーの歴史

ガス事業の始まりは「街の灯り」

Point
◉明治５年、横浜に最初のガス灯が点灯
◉太平洋戦争で壊滅的打撃を受けるも、昭和24年に24時間供給を再開

ガスも石油も電気も、最初はすべて灯り用

日本でのガス事業の始まりは、明治５（１８７２）年。今の太陽暦の10月31日、横浜の神奈川県庁前で日本初のガス灯が十数基点灯した時でしょう。以来、都市ガス業界ではこの日を「ガスの記念日」としています。

この頃のガス灯の明るさは、今の電球だと約15ワット（40ルクス）といわれています。

そしてこの年の末には、横浜のガス灯は２４０基になり、明治７（１８７４）年には、東京の京橋と近くの金杉橋の間に85基のガス灯が輝くようになりました。

明治９年には東京府瓦斯局が開設され、明治18年、東京市芝区に東京瓦斯会社（現在の東京ガス）が誕生しました。

また明治19年には、東京電力の前身である東京電燈会社も創業しています。

実は規模が全く違うので恐縮ですが、筆者の会社の垣見油化も創業は明治４年です。

最初は灯り用の油の販売ですが、国産の菜種油やクジラから取った鯨油ではなく、英国や米国から輸入した石油を販売したのです。

その理由は、石油は樽で輸入してくるにもかかわらず石油の方が安く、ろうそくの３倍も明るかったからです。

words 【カンデラ】ろうそく１本の光源の明るさは約１カンデラ。初期の灯油ランプは約３カンデラ。初期のガス灯は「15ワットの白熱灯相当」との記載があるので約15カンデラと思われる。なお、「カンデラ」とは光源が放つ「全体の明るさ」。「ルーメン」は「照射範囲の明るさ」、「ルクス」は「照射面の明るさ」を表す。

以上から、ガスも石油もそして電気も、最初は灯り用のエネルギーとして始まったことがわかります。

そして明治19年、ガス灯はオーストリアのヴェルスバッハが「ガスマントル」を発明して明るさが5倍になり最盛期を迎えますが、大正４年をピークに徐々に電灯に代わり、昭和12年には姿を消してしまいました。

その一方、明治35年には、日本初のガス器具特許品として瓦斯竈（ガスかまど）が、そして明治37年には、ガスストーブが販売開始され、灯りから家庭での厨房用や熱源としての利用に変わっていったことがわかります。

この当時のガスは、石炭を蒸し焼きにして作った石炭ガスです。また残った石炭は、コークスとしてセメント会社等に販売して、初期の赤字を補てんしていたようです。

昭和14年頃には、東京瓦斯の消費者件数は１００万件に拡大しますが、太平洋戦争で都市ガス業界も壊滅的な打撃を受けました。

戦後は、昭和24年になって、ようやく都市ガスの24時間供給を再開しています。

昭和27年には、石油を原料とするガス製造装置が東京の千住工場で稼働を開始して、昭和30年に東京ガスの消費者は１００万件になり昭和14年の水準にようやく戻りました。

その後、昭和32年にガス自動炊飯器、昭和40年にバランス型（ＢＦ）風呂釜の販売開始となりました。

◀東京・紀尾井町、ホテルニューオータニ玄関横に灯る現代のガス灯

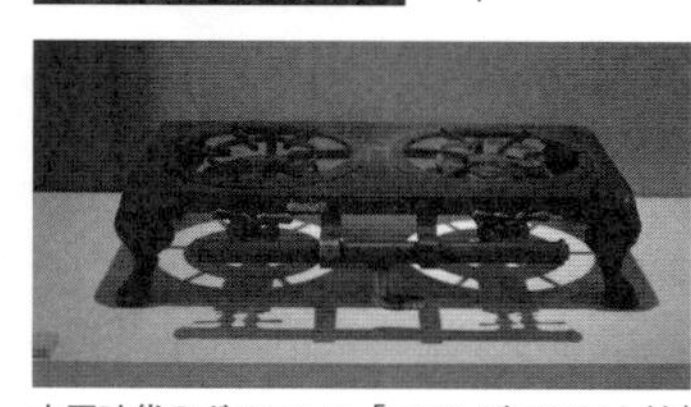
大正時代のガスコンロ「コロンビア二口七輪」

もともとは石油精製時に捨てていた〝オフガス〟を有効利用

Point
◉昭和4年、ツェッペリン号来日時に米国製プロパンを供給
◉都市ガス配管の拡大とともに、拠点を郊外へ移していったパイオニアガス

昭和36年、中東からの製品輸入が始まり本格普及へ

LPガス業界の場合は、その誕生の日を特定するのは難しいのですが、昭和4年、ドイツの飛行船ツェッペリン号が霞ヶ浦に飛来した時、エンジン用の燃料としてプロパンと水素の混合気体が使われており、これを米国から取り寄せて供給した記録が残っています。

LPガスはその名を液化石油ガス（リキファイドペトロリアムガス）といい、原油を精製する際、ガソリンよりも軽い**留分**として最初に出てくる製品です。当初はその場で燃やして捨てていたということなので、オフガスと呼ばれていたこともありました。

それを石油精製会社が液化して販売するようになったのが販売事業としての始まりですが、本格的なスタートとしては、中東から製品としてのLPガスが輸入された昭和36年なのかもしれません。

実は筆者の会社が、LPガス部門の前身である東京石油瓦斯を立ち上げたのは、昭和30年です。最初その名前は、日本石油瓦斯にする予定だったのですが、石油の取引先である日本石油に報告に行ったところ、「日本石油もLPガスの販売子会社をつくるので、その名前は日本石油に譲ってもらって、垣見さん

words 【留分】原油は各石油製品の沸点の差を利用した蒸留という方法で、各製品に分ける。原油を熱し気化させ冷やした時、最初に液体になるのが、灯油や軽油になる「中間留分」。次に「ガソリン・ナフサ留分」が液化する。常温でも液化しないのがLPガスで、大昔は回収せず、燃やして廃棄したのでオフガスと呼ばれた。

は東京石油瓦斯にしてくれ」と頼まれたという誕生秘話があります。

当社の供給エリアはまさに都下でした。ガス会社設立時は、本社のある東京麹町でガスボンベの充填作業を行っていたのですが、都市ガス配管の西への拡大とともに、昭和33年に田無市（今の西東京市）へ、昭和50年に西多摩郡瑞穂町へと、充填基地を郊外に移転させていきました。このことから、LPガス業界の変遷ぶりがおわかりいただけるでしょう。

昭和38年当時の筆者の会社のＬＰガス充填基地（今の西東京市）

弊社は直売もしていましたが、販売店への卸が中心でした。その相手先には、炭の販売を主力とする薪炭系販売店、灯油を主力とする灯油系販売店、同様にガソリンスタンド系販売店、そしてこの時期に起業されたLPガス専業店がありました。

ちなみにあの東京オリンピックの選手村の聖火は当社の納入したLPガスで燃えていましたが、これは当時の自慢話の一つです。

昭和42年には、家庭用の集中暖房としてガスセントラルヒーティングの販売を開始しました。以降のガス業界の少なくとも機器の普及に関する歴史は、都市ガスもLPガスもほぼ同様だと思います。

都市ガスとLPガスの違い

都市ガスは天然ガス由来のメタンガス、LPガスはプロパンガスやブタンガス

Point
◉日本が輸入している天然ガスは液化されたLNG
◉供給方法の違いにより、都市ガス、LPガスのほかに「簡易ガス」という区分もある

まず、ガス業界で使われているガスの呼び方やその定義について確認しておきます。

一般消費者に「都市ガスが供給しているガスは何ですか」と聞けば多くの方が「天然ガス」とお答えになるでしょう。さらに「その天然ガスの主成分は」と聞いて「メタンガス」とお答えいただける方は、通のお客様です。

都市ガスは、メタンを主成分とする天然ガスを供給しています。この「天然ガス」という言葉のイメージは、何となく綺麗とかクリーンという印象があるので、多くのユーザーにこの呼び方が定着したことは、都市ガス業界にとって大成功と言えるでしょう。

LNG（リキファイドナチュラルガス）は液化させた天然ガスのことで、日本が輸入する天然ガスは、この液体状のLNGです。

しかし世界で天然ガスと言えばパイプラインで供給する気体状のガスが主流です。

一方、各家庭に容器で個別に配送されるガスは、LPガスとかプロパンガスとか、なぜか物性上の名前で呼ばれています。

昭和30年代、プロパンガスを勧めに各家庭に行くと「プロパンってどんなパン？」と聞かれることもあったそうですが、以来LPガス業界は、そのマイナーなイメージのまま歩んできてしまったように思います。

words 【都市ガスとLPガスの成分】都市ガスの成分は、供給する会社によって多少異なる。代表的なガスは、東京ガス等の13Aという規格で、メタン約90%、エタン6%、プロパン3%等が入っている。13は熱量、Aは燃焼速度が遅いことを表す。一般家庭のLPガスは、プロパンが80%以上とJIS規格や液石法で決められている。

メタン、プロパン、ブタンは、分子結合上の数の違いはありますが、常温で気体の無色無臭の燃えるガスです。メタンは空気より軽く、プロパンやブタンは重いのが特徴です。

メタンは淀んだ川底から湧くガスなので、臭いイメージがありますが、においは硫化水素等が原因で本来は無臭です。家庭で使用するガスが少しにおうのは、ガス漏れを人が感知できるよう後からつけた着臭剤（付臭剤）のにおいです。燃焼時の熱量はプロパンがメタンより約二倍高く、その分必要酸素量も多くなっています（詳細は221ページ物性表参照）。

プロパンは常温でも約8気圧で液化します。メタンはマイナス83度かつ46気圧か、常圧ならマイナス162度で液化します。ブタンは2気圧で液化するので例えばガスライターなどに最適です。液化すると体積はプロパンで250分の1、メタンでは600分の1になるので大変輸送に適しています。

価格や数量をいう際は単位の違いに注意

天然ガスやLPガスの価格や数量に関して注意を要するのは、単位が異なることです。

LPガスの元売や卸で用いられるのは重さのトンやkg、末端の小売販売は体積の㎥です。

LNGの輸入の単位は重さであるトンを用いますが、価格はトンのほか、英国熱量単位である100万BTUでも表します。これは、各産地の天然ガスの成分の違いを同一熱量に換算して、価格等を比較するためです。

都市ガスの小売の単位は、気体の体積である㎥です。各社熱量が違いますが、代表格は東京ガスの13Aで熱量は45MJ／㎥です。

また都市ガス、簡易ガス（昨今はコミュニティーガスとも）、LPガスという場合には、都市ガスは導管供給、LPガスは容器による個別配送、簡易ガスは70戸以上の集団供給等、その業態の違いを表す場合もあります。

電力用のＬＮＧの数量は

ガスとして販売される天然ガスと発電用のＬＮＧはどちらが多い？

Point

◉実は発電用が圧倒的に多い
◉ＬＮＧに業界の垣根は、もはやない

ところで読者の皆様にずばり質問です。２０１６年度において、東京ガスの天然ガスの総販売量と東京電力の発電用天然ガスの使用量は、どちらが多いと思いますか。

エネルギー業界に携わる方でも、「東京ガスが多い」とお答えいただく方がほとんどですが、現実は発電用が圧倒的に多いのです。左ページの表と円グラフをご覧下さい。これは筆者が電力各社、都市ガス各社、電気事業連合会や日本ガス協会などのホームページより調べた２０１６年度のＬＮＧの輸入数量や都市ガス販売数量などの数字です。

日本の都市ガス会社約２００社の中には国内産の天然ガスを販売している会社がありますし、また熱量調整用のプロパンガス等も含まれているので、都市ガス会社が輸入しているＬＮＧは、総販売量のおよそ９割です。

２０１６年度の東京電力のＬＮＧ輸入数量は２２３７万トン、中部電力が１４２５万トン関西電力が９３６万トンなのに対し、東京ガスは１４２５万トン、大阪ガスが８９２万トン、中部地方を営業拠点とする東邦ガスは３４３万トンなので、発電用のＬＮＧ使用量がいかに大きいかがわかります。

ちなみに電気事業連合会は、２０１５年度までは、電力10社の火力発電用の使用燃料の

電力10社の火力発電用使用燃料の推移（電気事業連合会発表）

（%は前年度比）

実消費	2010年度	2011年度		2012年度		2013年度		2014年度		2015年度	
石炭千t	51,026	49,293	96.6%	50,239	101.9%	59,930	119.3%	59,574	99.4%	58,794	98.7%
重油千kℓ	6,298	11,822	187.7%	16,079	136.0%	12,688	78.9%	9,418	74.2%	7,065	75.0%
原油千kℓ	4,760	11,573	243.1%	13,463	116.3%	11,556	85.8%	6,756	58.5%	5,702	84.4%
LNG千t	41,741	52,885	126.7%	55,788	105.5%	56,090	100.5%	56,606	100.9%	52,292	92.4%

※2016年4月からの電力小売全面自由化の開始などに伴い、2015年度分で公表を終了した。

内訳を毎月発表していました。

２０１１年３月の東日本大震災以降、原発が順次停止し、その不足分を石油（電力用超ローサルファーC重油）や原油の生炊き火力で補っていたのにもかかわらず、２０１５年度には石油系は大幅に減らされ、コストの安い石炭とＬＮＧにシフトしていることが実によくおわかりいただけるでしょう

2016年度LNG使用割合

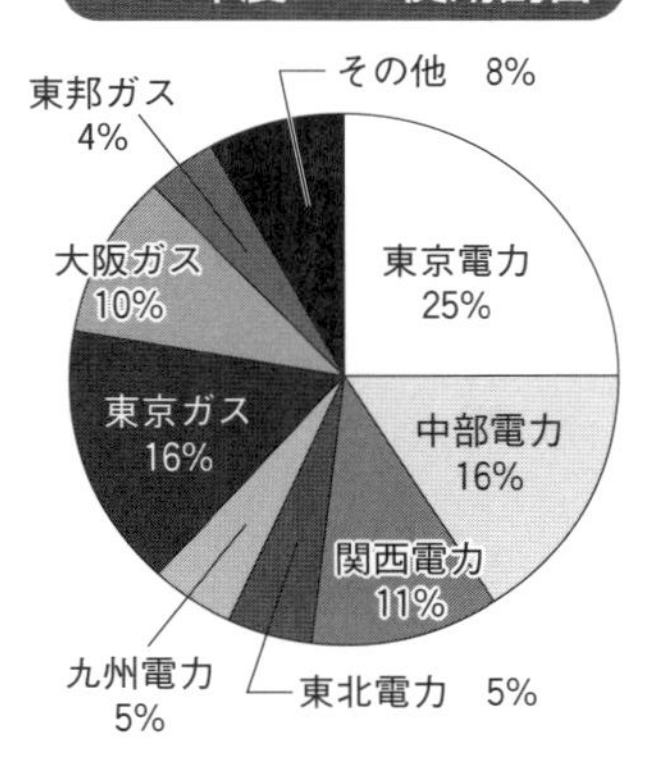

日本のLNG輸入数量の震災前後７年間の推移

単位：万トン

年度	2010年	2011年	2012年	2013年	2014年	2015年	2016年	比率
東京電力	2,079	2,409	2,487	2,525	2,475	2,289	2,237	26.4%
中部電力	1,044	1,312	1,428	1,369	1,349	1,251	1,425	16.8%
関西電力	479	669	729	775	888	822	936	11.0%
東北電力	303	509	476	448	425	457	446	5.3%
九州電力	276	404	457	488	476	378	401	4.7%
その他電力	487	650	255	266	291	260	155	1.8%
電力会社計	4,392	5,549	5,832	5,871	5,904	5,457	5,600	66.1%
東京ガス	1,069	1,148	1,271	1,369	1,397	1,388	1,425	16.8%
大阪ガス	823	788	785	779	807	785	892	10.5%
東邦ガス	303	303	283	330	330	330	343	4.0%
都市ガス計	2,195	2,239	2,339	2,478	2,534	2,503	2,660	31.4%
その他	469	530	516	424	469	397	215	2.5%
LNG合計	7,056	8,318	8,687	8,773	8,907	8,357	8,475	100.0%

出所：電力会社は電気事業連合会、都市ガスは各社ＨＰ、合計は財務省及び資源エネルギー庁、その他筆者推定

ガスエネルギーの用途と数量

都市ガスは工業用が半分以上、LPガスは家庭業務用が5割

◉都市ガスの2016年度販売数量は377億㎥、うち工業用が多く210億㎥
◉LPガス消費量1441万トン、うち家庭業務用が759万トン

都市ガスの用途と数量

2016年度の全国209社の都市ガスの販売数量は、45MJ／㎥（13Aガス換算）で前年比3・4％増の377億㎥です（日本ガス協会）。使用用途別の内訳は、家庭用が24・9％で94億㎥、商業用が11・4％で43億㎥、工業用が55・6％で210億㎥、その他が8・1％で30億㎥となっています。

一般に家庭用が多いように思われますが、過去、A重油とかC重油がその主力を握っていた工場等からの燃料転換が進んだので、実は工業用が最も多くなっています。

LPガスの用途と数量

2016年度のLPガス消費量は、1441万トンで前年比2・2％減となりました。使用用途別では、家庭業務用が53％で759万トン。工業用が19％で279万トン、化学原料用が12％で174万トン、自動車用が5％で78万トン、都市ガス用が8％で121万トン、そして電力用が30万トンで2％です。

LPガスは、家庭業務用が圧倒的に多くなっていますが、その需要は減少していますので、クリーンで災害に強いLPガスを正しく紹介していきたいと思います。

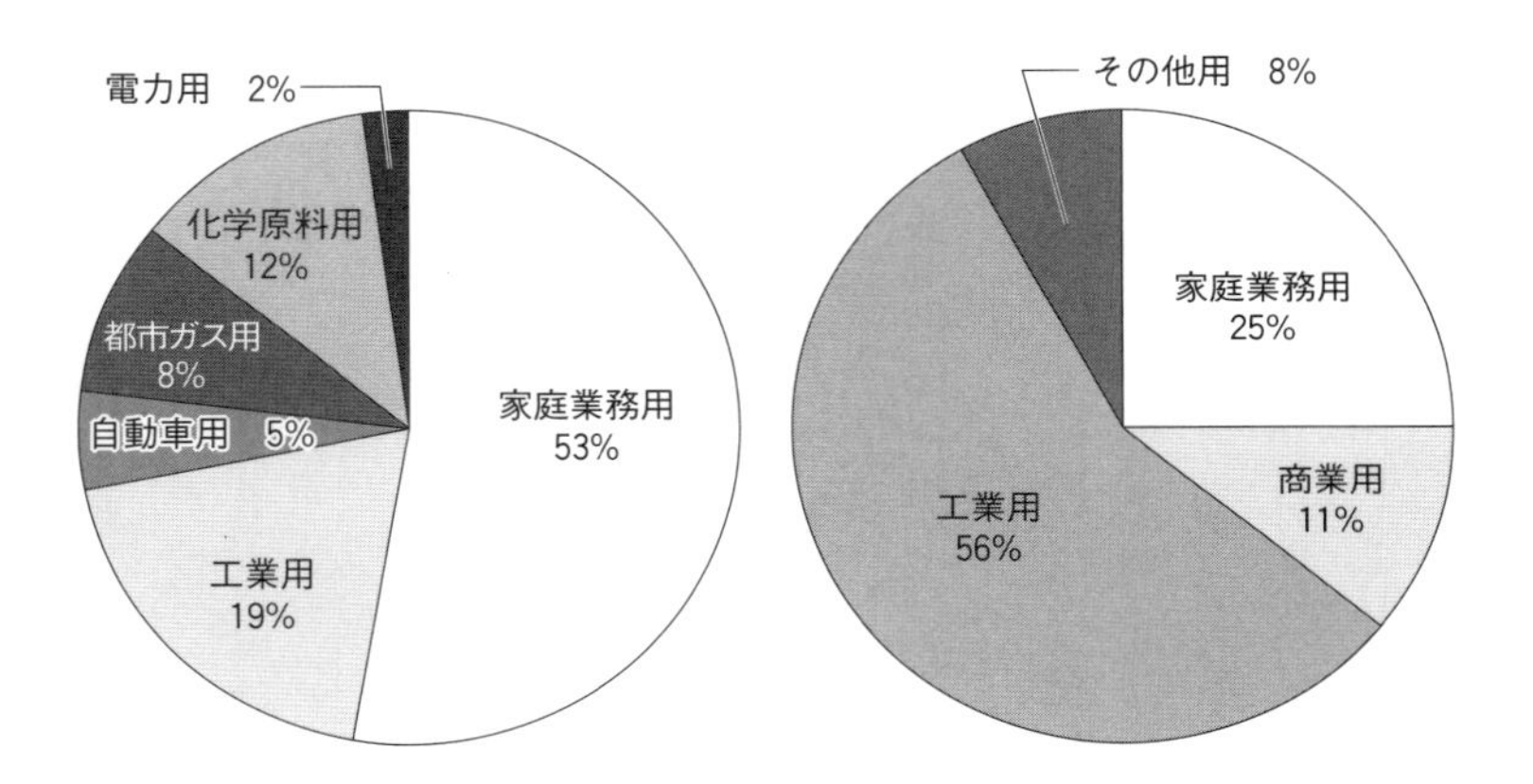

都市ガス、LPガスの用途別販売数量推移

単位：千㎥

都市ガス年度末	2012年度	2013年度	2014年度	2015年度	2016年度	前年比	構成比
家庭業務用	9,798,506	9,553,815	9,581,712	9,241,941	9,406,099	101.8%	24.9%
商業用	4,499,763	4,472,131	4,315,222	4,232,781	4,292,396	101.4%	11.4%
工業用	19,026,244	19,630,792	20,254,093	20,113,170	20,956,996	104.2%	55.6%
その他用	2,998,559	3,037,129	2,948,849	2,873,698	3,045,520	106.0%	8.1%
合計	36,323,072	36,693,867	37,099,876	36,461,590	37,701,011	103.4%	100.0%

単位：トン

LPガス年度別	2012年度	2013年度	2014年度	2015年度	2016年度	前年比	構成比
家庭業務用	8,268,005	8,046,381	7,901,957	7,634,996	7,591,021	99.4%	52.7%
工業用	2,913,977	2,741,145	2,796,276	2,838,660	2,790,098	98.3%	19.4%
自動車用	1,019,103	966,085	897,493	821,164	778,640	94.8%	5.4%
都市ガス用	1,128,348	1,177,598	1,432,059	1,338,872	1,212,639	90.6%	8.4%
化学原料用	2,062,231	1,918,899	2,065,988	1,929,657	1,740,630	90.2%	12.1%
電力用	1,545,741	654,735	300,297	170,007	300,965	177.0%	2.1%
合計	16,937,405	15,504,843	15,394,070	14,733,356	14,413,993	97.8%	100.0%

都市ガスは原発停止で顧客数微増、LPガスは減少傾向が続く

Point

◉都市ガスの顧客件数は2860万件、その96％は一般家庭用
◉LPガスの家庭業務用は2005年の2750万戸から漸減、2016年度末は2435万戸

都市ガスの顧客数と推移

２０１６年度の都市ガス（全国約２００事業者）の顧客件数は約２８６０万件で前年度比０・９％の増です。使用量で最も多かった工業用は６・４万件（増減なし）と顧客件数では最も少なく、その他用が30万件（１・４％増）、商業用が１２８万件（０・４％減）、そして一般家庭用が２７５９万件（０・７％増）と圧倒的に多く顧客率では96％です。

昨今の顧客数の増減に大きな変動はありません。家庭用は近年**オール電化**に押されてきましたが、原発停止等で微増となりました。

LPガスの顧客数と推移

２０１６年度のLPガス消費量は、１４４１万トンで前年度比２％減ですが、そのうち最も多い使用用途は、一般の家庭業務用です。その数量は、７５９万トンでLPガスの全需要の53％を占めます。

消費者戸数でみると、２０１６年度末の筆者推定で約２４３５万戸ですが、顧客数は２００５年の２７５０万戸からわずかずつながら減少しているのが気になります。

LPガスは、都市ガス配管の来ていない地方がその主な販売エリアですが、昨今の地方

words 【オール電化】家庭での調理、給湯、冷暖房等を電気のみによってまかなうこと。1990年代に原発で余る安い深夜電力を使ったヒートポンプでお湯を沸かすエコキュートやＩＨクッキングヒーターを発売後、各電力会社は積極的な営業をした。しかし震災以降の電力不足から、現在は、東京電力などは新規を受け付けていない。

都市ガス、LPガス家庭用顧客数と使用量の推移

	各年度末	2006	2007	2008	2009	2010	2011	2012	2013	2014	2015	2016
都市ガス	顧客数（千戸）	26,423	26,716	26,949	27,124	27,258	27,398	27,588	27,816	28,090	28,338	28,604
	使用量（百万㎥）	9,765	9,872	9,646	9,629	9,789	9,791	9,799	9,554	9,581	9,242	9,406
LPガス	顧客数（千戸）	27,121	26,909	26,708	26,456	26,009	25,485	25,369	25,201	24,869	24,501	24,353
	使用量（千トン）	9,739	9,670	8,996	8,674	8,855	8,620	8,268	8,046	7,902	7,635	7,591
ガス世帯計（千戸）		53,544	53,625	53,657	53,580	53,267	52,883	52,957	53,017	52,959	52,839	52,957

都市ガス、LPガス家庭用顧客数推移

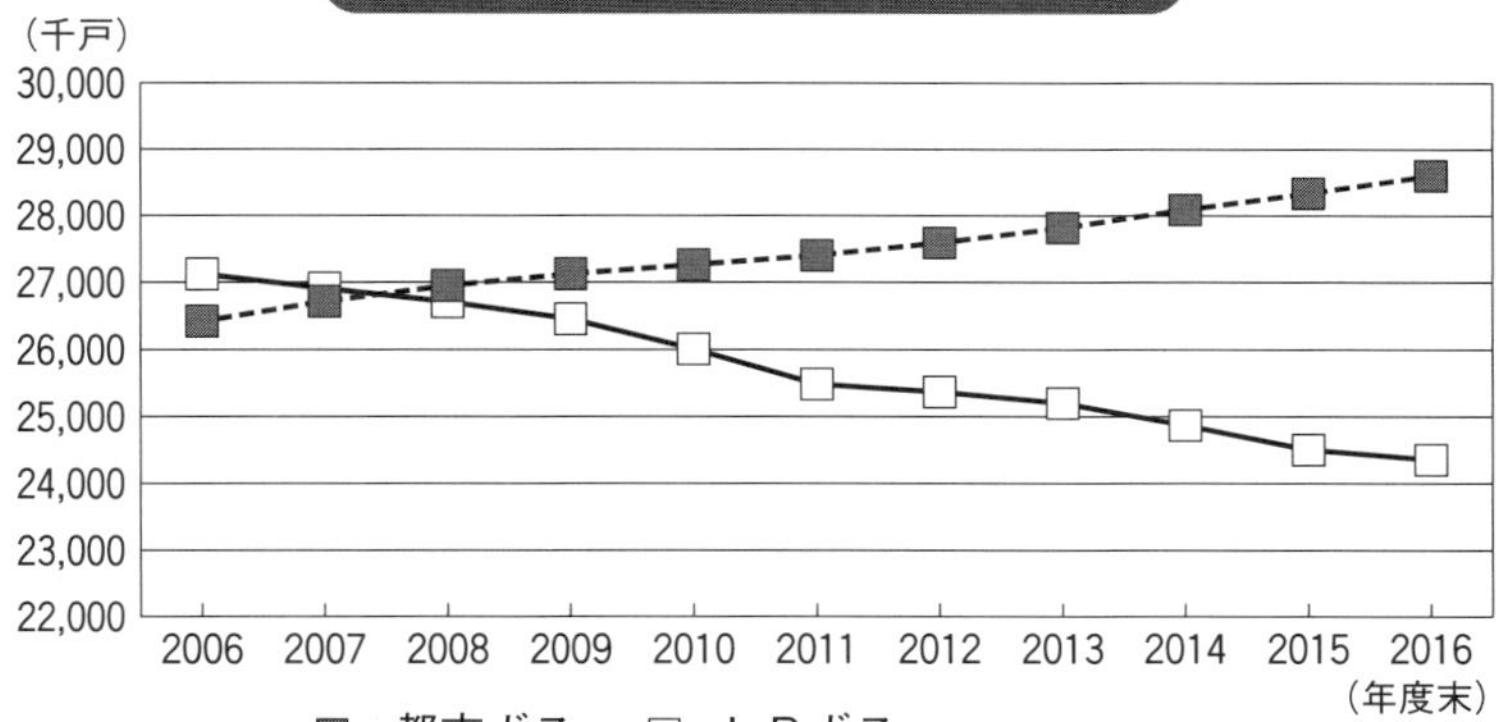

出所：都市ガスは日本ガス協会、LPガスは日本LPガス協会他、一部筆者推定

の過疎化、高齢化等で絶対世帯件数は減少しています。

また都市部では、震災前までの各電力会社のオール電化キャンペーンなどが、ＬＰガス戸数の減少理由だという見方もあります。

しかし電力業界のオール電化政策の影響については、都市ガス事業者も同じ競争にさらされてきたので、ＬＰガス販売業者として、言い訳はできないでしょう。

LPガスの物流・商流構造

輸入基地から製油所、二次基地を経て卸売・小売業者から消費者へ個別配送

Point

◉産ガス国からほぼ毎日、ＬＰガスタンカーで運ばれてくる
◉消費者に販売しているのは卸売業者、小売業者、簡易ガス業者
◉最大の特徴は容器での個別配送

LPガスの物流・商流構造

まず、都市ガスに比べシンプルな、ＬＰガスの流通構造から説明します。

２０１６年度に販売されたＬＰガスの総数量は、約１４４０万トンです。

このうち、米国や中東の産ガス国等からの輸入は、約８割の１０５０万トンで、全世界に約３００隻あるＬＰガスタンカーのうち約55隻を用船して、ほぼ毎日日本に運ばれてきます。

残りの２割は、原油を精製して生産されるＬＰガスなので、残念ながら国内で資源としてＬＰガスが採れるわけではありません。

ＬＰガスの輸入基地は国内36カ所。輸入元売会社は10社。国家備蓄は２０１３年に完成した倉敷や波方も含め全国５カ所あり、総備蓄可能量は１５０万トンとなっています。

この輸入基地や製油所、さらに二次基地からは主にＬＰガスタンクローリーで、全国の卸売約１１００事業者の商流を経て、全国２３７８カ所の充填所や全国１４４０カ所のオートガススタンドに運ばれます（数値は２０１６年度末、一部筆者推定）。

充填所では、50kg、20kg等の各種容器等に充填された後、卸売業者の直売や全国１３４

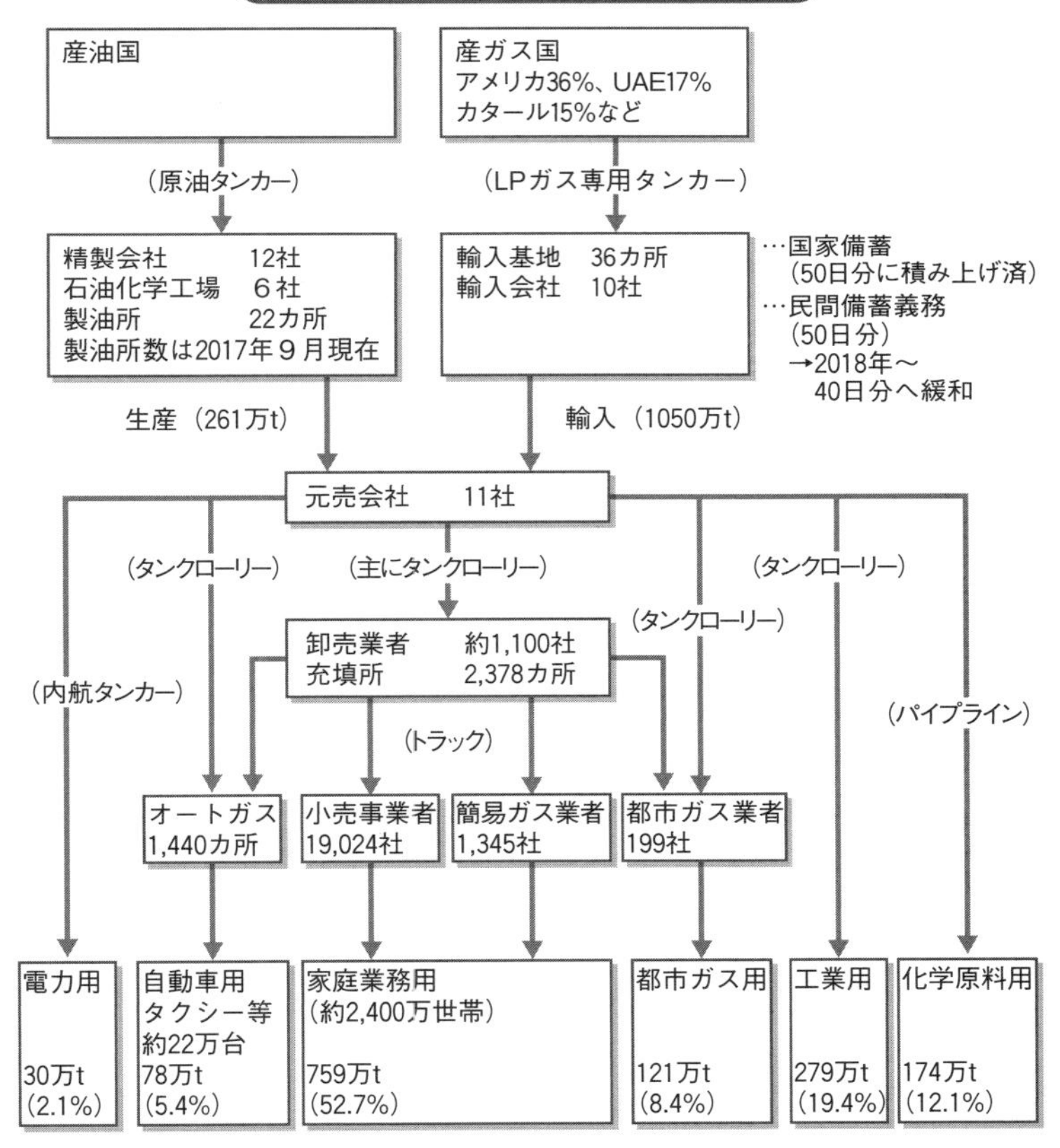

出所：資源エネルギー庁、日本LPガス協会
ただし、出所先により一部データが異なるので一部筆者推定

5社の簡易ガス業者、1万9024社の小売事業者の商流を経て、約2400万戸の消費者に3トントラック等で個別に配送されています。

上は2017年10月の資源エネルギー庁発表のLPガス物流商流フロー図です。本項の本文は2016年度末データ（2017年3月末）で説明していますが、フロー図の数値も、判明しているものは最新のデータに更新しています。

都市ガスの物流・商流構造

長期プロジェクトでLNGを開発輸入、総延長26万kmの導管で供給

Point

◉全輸入量の9割が長期プロジェクトによる契約
◉外航船を受け入れる一次基地、内航船を受け入れる二次基地を経て、導管供給

ガス会社、電力会社で共同運用されている輸入基地もある

LPガスの物流や商流が石油とLPガス業界内でほぼ説明できるのに対して、LNGは、電力業界と都市ガス業界が複雑に関係しているので、説明は少し難しくなります。

まずLNGの輸入ですが、その多くは開発から手掛けた長期プロジェクトです。

日本が2016年度に輸入した約8475万トンのLNGのうち、筆者が調べた範囲では、現在継続中のものだけでも9カ国の22プロジェクトが存在し、その年間の輸入量は8000万トン、すなわち全輸入量の約9割が長期プロジェクトによる契約でした。

その一例として、1972年に契約されたブルネイの案件は、1993年から出荷開始で、年間購入数量は、東京電力203万トン、東京ガス100万トン、大阪ガス37万トンで、まさに日本エネルギー連合株式会社です。

この日本に輸入されたLNGが、都市ガス大手4社、中小都市ガス204社（2017年3月）、電力会社は全10社、そしてJXTG等の石油元売や商社も含め、日本各地の需要家や消費者に安定的に供給されています。

現在稼働中の輸入基地（外航船一次基地）は約35カ所（建設中の一次基地は4カ所）、

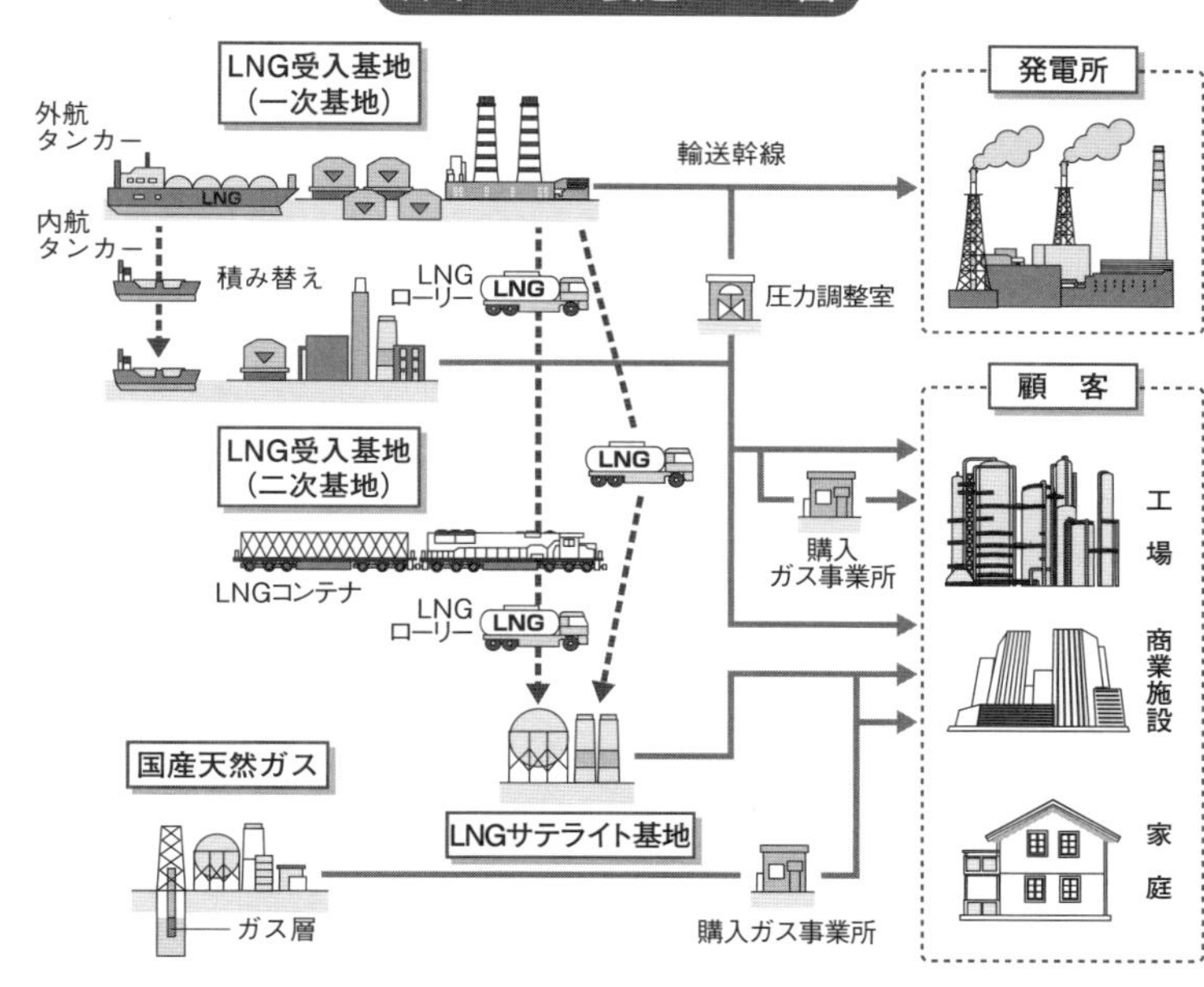

うち都市ガス事業で使用されているのは23カ所です。

輸入基地のタンクで最も大きなものは、千葉の袖ヶ浦工場の260万kℓですが、これも東京ガスと東京電力で運用されています。

一方、現在稼働中の二次基地は全国7カ所。二次基地レベルになると、タンク容量は7000kℓからせいぜい1万2000kℓの大きさです。一次基地、二次基地にそれぞれJXTGエネルギーの名前がみられ、LNGについては、業界の垣根がなくなりつつあることを実感します。

これらの輸入基地等は、電気事業法、ガス事業法、高圧ガス保安法という三つの法律で規制されています。そして2016年で総延長25・8万kmの導管で日本の面積の6%弱、供給区域内世帯数で全体の約67%（LNGローリーでの供給先を除く）に天然ガスが供給されているのです。

東日本大震災時には新潟→仙台のパイプラインが大活躍

Point
- ◉最も長いパイプラインは、新潟→東京の通称、東京ライン
- ◉震災時、LNG船受入基地が被災した仙台に東新潟からのパイプラインで天然ガスを供給

業界以外には、あまり知られていませんが、日本国内にも天然ガスパイプラインは存在します。最も長いのは、国際石油開発帝石による新潟県上越市の上下浜バルブステーションから、東京足立区の終端までの３２１㎞の通称、東京ラインです。

管の直径は12インチ。一日当たりの供給能力は１５５・２万㎥にもなります。

同社では、この東京ラインに並行し、供給力の増強、安定供給のために新東京ラインも建設しました。こちらは１９４㎞ですが、管の径は20インチと大きく、その供給力は、４９４万㎥にもなっています。

また、東日本大震災時にその存在が高く評価されたのが、石油資源開発の持つ、東新潟と仙台を結ぶ仙台送ガス線です。

すなわち、仙台市ガス局のＬＮＧ船の受入基地が津波で被災し、天然ガスの供給に支障が出た時、この天然ガスパイプラインを利用して急場をしのいだのです。

震災関連についてはまとめて後述しますが、14～20インチ、一日当たり４５０万㎥という供給力がものを言い、仙台市営ガスは全面供給ストップという最悪の事態を免れました。

国内のパイプラインは、国内天然ガスの産地である新潟県内や千葉県内、そして新潟と

東日本の主な天然ガスパイプライン

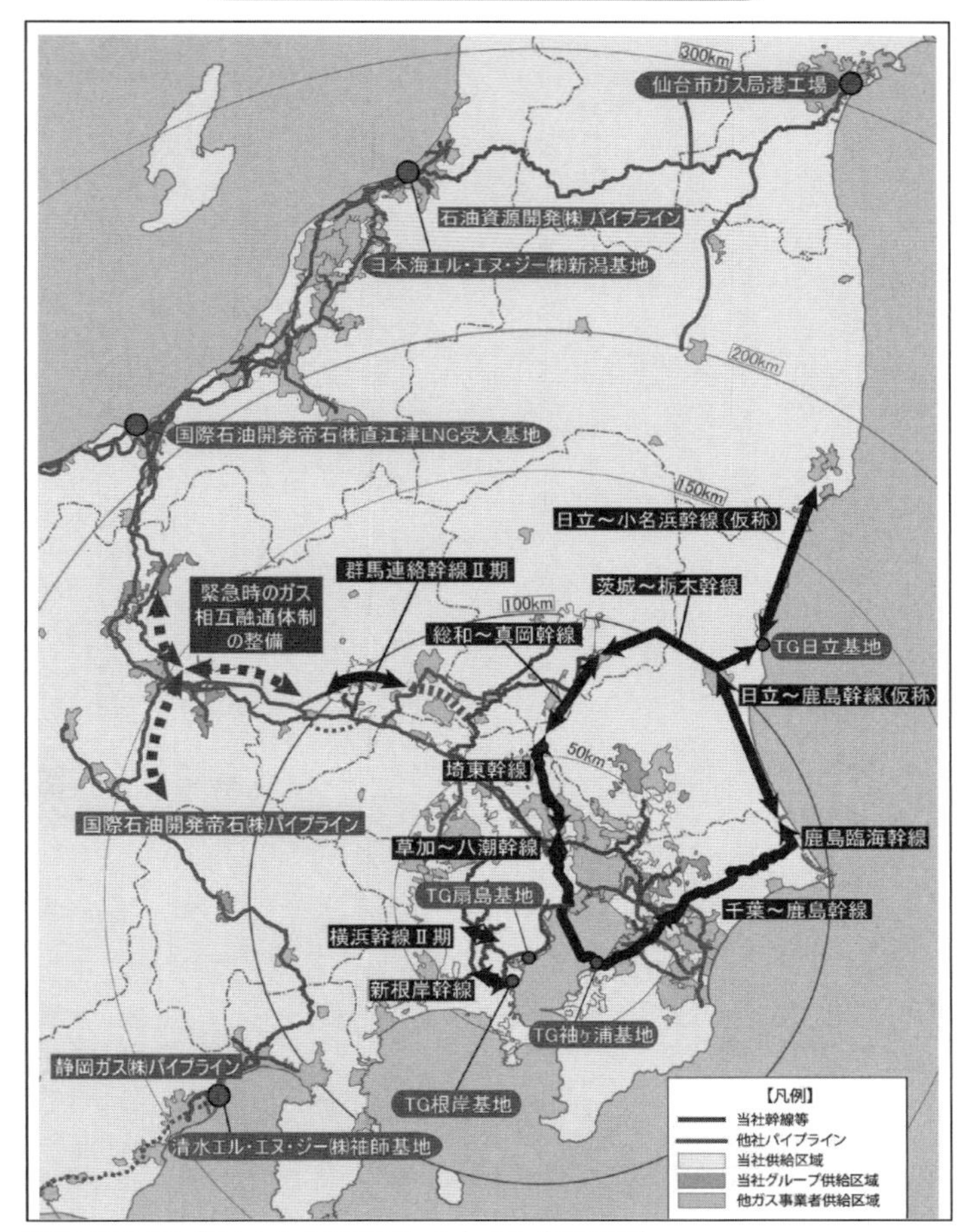

出所：東京ガス「チャレンジ2020ビジョン」より（計画含む）

東京とその周辺。北海道、秋田、そして新潟—仙台間に存在します。

上図は東京ガスの相互融通体制を示すものですが、東京ガスのパイプラインおよび融通体制にある他社パイプラインの分布状況がわかります。

国内にもある天然ガス田

日本にも存在する原油や天然ガス田。その生産量は下落傾向にある

Point

◉天然ガス田があるのは、新潟、千葉、北海道など
◉ガス単独で採れるガス田と、油とガスが一緒に採れるガス田、水に含まれているガス田がある

生産量は少ないが日本の貴重な資源

日本国内でも原油や天然ガスは小規模ながら生産されています。天然ガス鉱業会によれば、国産の天然ガスは、新潟県や千葉県などで生産を行っており、その供給量は平成26年度で原油約63万kℓ、天然ガス約27億㎥です。県別では、新潟県が約7割、千葉県が1割強で、この2県で約8割を占めます。

また国内の天然ガスは、産地によって特徴があります。例えば新潟県の南長岡ガス田、片貝ガス田はガス単独で産出されますが、岩船沖油ガス田や東新潟油ガス田は石油とガスが一緒に採れます。千葉県の南関東ガス田はガスが水に含まれている水溶性のガス田で、秋田は油のみの油田です

日本国内の原油・天然ガス生産量は、平成元年頃までに発見された構造性の油ガス田の開発により当初は増加傾向にありましたが、平成19年をピークに減少傾向にあります。

その原因としては、生産量の問題や環境問題等いろいろありますが、最終的には昨今の世界的な資源価格の下落を受け、経済合理性に合わないことが最大の原因だと思います。

ちなみに天然ガス鉱業会によれば、可採年数はガスで16年、原油は12年とのことです。

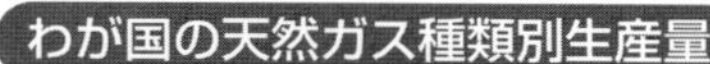

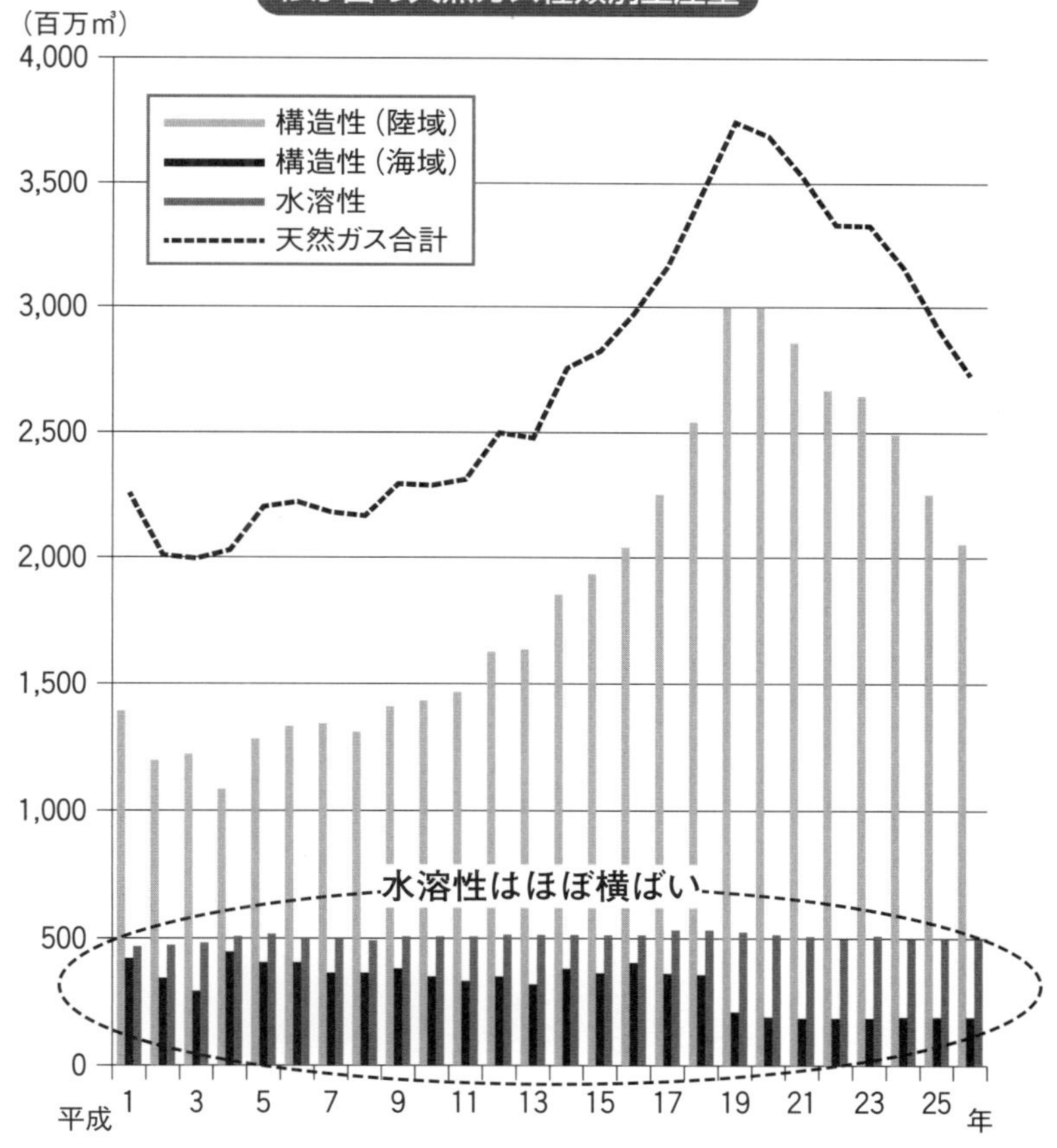

平成26年度評価・国産原油・天然ガス可採年数

		原油			天然ガス		
		生産量(P)	可採埋蔵量(R)	可採年数(R/P)	生産量(P)	可採埋蔵量(R)	可採年数(R/P)
構造性	陸域	52万kℓ	695万kℓ	13	20億㎥	346億㎥	17
	海域	11万kℓ	63万kℓ	5	2億㎥	10億㎥	5
	合計	63万kℓ	747万kℓ	12	22億㎥	357億㎥	16
				水溶性陸域	5億㎥	8,248億㎥	

出所:天然ガス鉱業会

ガスの供給設備と消費設備

マイコンメーターまでが業者資産。消費設備は業者からの貸与が多い

Point

◉ＬＰガスと都市ガスの違いは、ガス容器と圧力調整器の有無
◉消費設備が貸与されて契約等が不備な場合、業者変更の際にトラブルになることも

ＬＰガスのボンベが２本セットで設置されるわけ

家庭用のガス設備は、法律で供給設備と消費設備に大別されています。ガスメーターの出口までが供給設備で、そこからご家庭内のガスコンロや給湯器までが消費設備です。

まず容器という都市ガスにはない供給設備を使って供給するＬＰガスから説明します。

一般家庭用のＬＰガスは、通常50kgや20kg等の容器によって供給されます。容器としては10kg、８kg、５kg、２kgもありますが、主に露天商用、屋内用、レジャー用等です。

一戸建ての住宅で消費量が多く、配送効率を考え、50kg容器２本設置の例で説明します。

この場合、２本同時に使うのではなく、充填と配送効率向上のため片側ずつ使います。

それを可能にしたのは、Ｉ・Ｔ・Ｏ㈱（旧伊藤工機）が一般家庭用に普及させたと言われる自動切り替え機能付きの圧力調整器です。設定圧力になると両方の容器から交互にガスが出て、さらに低くなると最初の容器が空になったと判断し、次の容器から供給されるので、業界の充填効率や配送効率及び配送員の労働環境の向上に貢献しました。

またこの圧力調整器は、再液化してガスがたまるのを防ぐために最低５cm以上、容器の

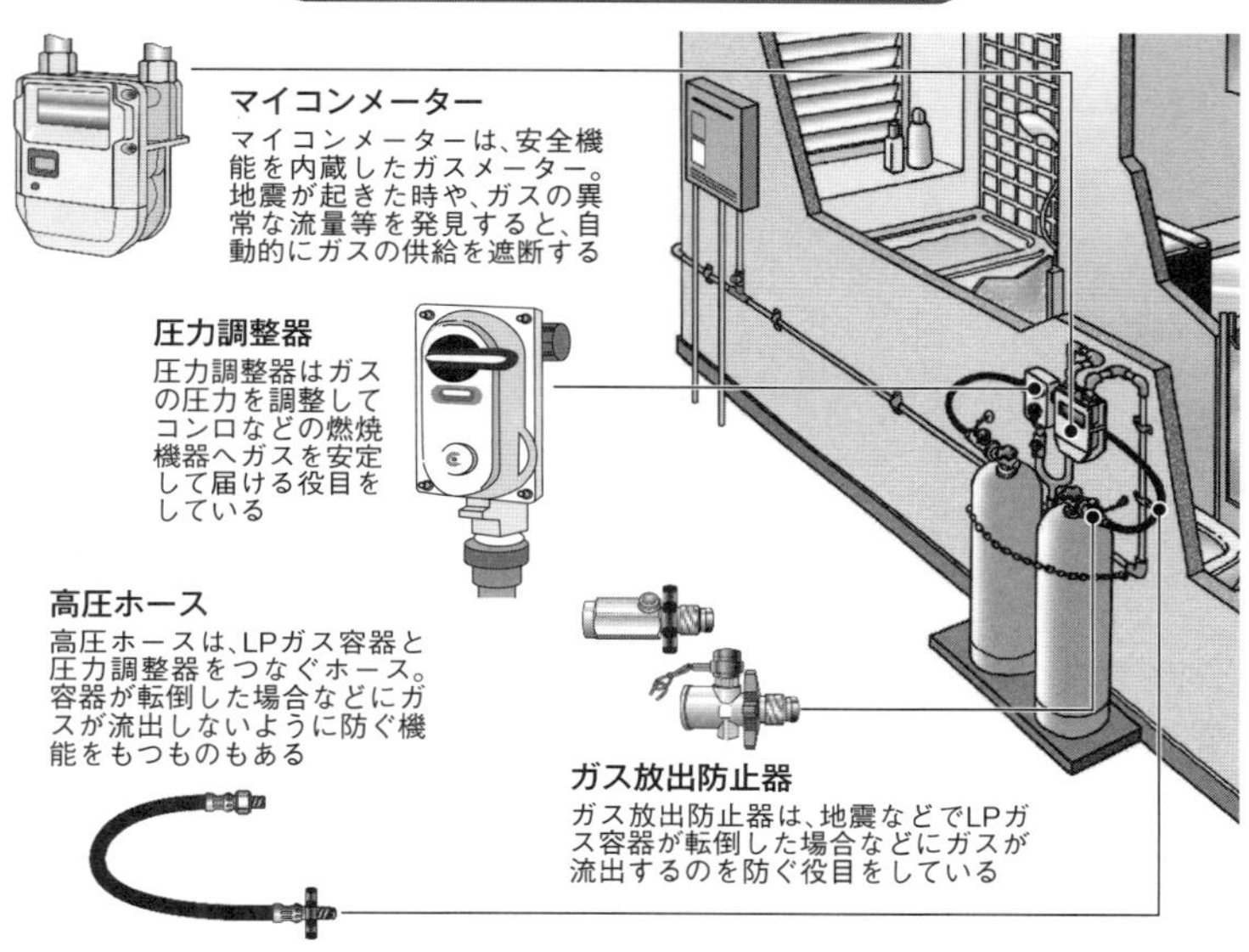

出所：日本LPガス協会

出口より高い位置に設置されます。

そして容器と自動切り替え機能付き調整器までをつなぐのが高圧ホースです。

圧力調整器からメーターの入り口までは、ガス管で接続され、メーターでは気体状のガスの体積を計量して販売データとなります。

容器からこのメーターの出口までが、供給設備です。新築時に特に定めていなければ、このメーターまでが、販売業者の資産となり、その先の消費設備がお客様の資産です。

ただこの消費設備も、お客様を紹介してもらったという工務店と販売業者との立場の関係から工事代をいただけず、従って販売業者の所有のままお客様に貸与するケースがあります。お客様がこの貸与の事実を知らずにLPガス販売業者との契約を解約したり、購入事業者を変更する場合は、トラブルの原因となることもあります。

words 【Siセンサー】安全安心機能（Safety）と便利機能（Support）の充実のための賢い（intelligent）温度センサーのこと。2008年10月より法制化され、ガスコンロの全口にSiセンサーの搭載が義務化された。これにより天ぷら火災や消し忘れ火災の多くが未然防止されるとともに、各種機能で省エネにもなっている。

保安機能満載のマイコンメーター

マイコンメーター以降は、LPガスも都市ガスも、ほぼ同様なので一緒に説明します。

昔は、メーターは消費者が使ったガスの量を計量するためだけのものでしたが、今は保安機能が数多く盛り込まれています。

例えば、一定以上の地震を感知した時、短い間に大量の数量を使った時、逆に微量の使用が長時間続いた時に、自動的にガスの供給を遮断するシステムがついています。

大量使用は、ガスのホースが外れた事故、微量の長時間使用は、ガス管等からの微少漏えい事故を防止する目的で遮断しています。

近年、昔に比べてガスの漏えいに伴う火災事故が減少しているのは、このマイコンメーターの保安機能のお陰と言っても過言ではないでしょう。

またLPガスの場合、配送効率の向上等を目的に、このマイコンメーターに通信機能（通称テレメ）を取りつけ、通信による検針や、地震や異常使用で供給遮断をしたメーターを販売業者の保安センターから遠隔操作で復帰させることができるようにしているケースもあります。

高機能のものが増えている消費設備

消費設備は、メーターの出口から先を言いますが、基本的には、ガスの使用段階の最終機器のことなので、改めて説明の必要はないでしょう。

キッチン周りの**Siセンサー**のついた効率的で安全性も高く、天板が平らで清掃もしやすい通称ガラストップコンロ。給湯器においてもエコジョーズという高効率給湯器は、従来機より10～15％程度効率がアップしたように思います。

暖房機器も直火系のファンヒーター、排ガ

ガラストップコンロの例

スを外に出すクリーンヒーター、快適な床暖房、浴室暖房や浴室乾燥器、またミストサウナなど近年素晴らしい商品が普及しています。

なお、高効率給湯器エコジョーズと家庭用燃料電池エネファームについては、第4章で改めて紹介します。

ガス業界の法律と資格

ガス事業法、高圧ガス保安法などで規制。工事等の責任者には資格が必要

Point

◉ガス業界で働くための資格には、ガス主任技術者、高圧ガス製造保安責任者、高圧ガス販売主任者、液化石油ガス設備士等がある

本章の最後にガス業界の法律や資格についてふれておきます

ガス事業法

ガス事業法はガス事業に関する法律です。昭和29年3月31日（法律第51号）に施行され、第1章総則から第2章一般ガス事業、第3章簡易ガス事業、第4章ガス導管事業など第8章まであり平成29年に改正されました。

この法律の目的としては、「ガス事業の運営を調整することによって、ガスの使用者の利益を保護し、及びガス事業の健全な発達を図るとともに、ガス工作物の工事、維持及び運用並びにガス用品の製造及び販売を規制することによって、公共の安全を確保し、あわせて公害の防止を図ること」としています。

一般的には都市ガス事業者を取り締まる法律ですがLPガスも70戸以上なら対象です

ガス事業者はこの法律に基づいて事業を営んでいますが、例えば、ガス事業者は4年に1度、すべてのお客様（工場等大口契約は除く）について、消費機器（ガス風呂釜・ガス湯沸器）などの調査をすることが義務づけられています。

お客様が不在の際は、調査ができないので、最低3回は訪問しなくてはなりません。

words 【高位発熱量基準（HHV）と低位発熱量基準（LHV）】ガス等が燃焼すると水分が生成されるが、その水分の凝縮熱まで含む発熱量がHHV。含まないものがLHV。前者の方が多い。従って機器等の熱効率はHHVの方が数%低くなる。13AならHHVは45MJ、LHVは40.8MJ。本書では出所元の表示に従うので混在する。

高圧ガス保安法

高圧ガス保安法は、昭和26年に施行された法律です。その目的は高圧ガスによる災害の防止のため、高圧ガスの製造、貯蔵、販売、移動、その他の取扱い及び消費並びに容器の製造及び取扱いを規制するとともに、民間事業者及び高圧ガス保安協会による高圧ガスに関する自主的な活動の促進と公共の安全の確保です。平成9年に今の名称になりました。

前述のガス事業法が、正に事業の内容等を定めているのに対し、保安法は、主に高圧ガスの取扱いなどの技術上の基準を定めた法律と言えるでしょう。

高圧ガスの定義は、常用の温度で圧力が1MPa以上もしくは35℃で1MPa以上の圧縮ガスや、常用の温度で圧力が0・2MPa以上となる液化ガス、圧力が0・2MPaとなる温度が35℃以下である液化ガス等を言います。

液化石油ガスの保安の確保及び取引の適正化に関する法律

昭和42年12月28日施行のこの法律は、一般消費者等に対する液化石油ガスの販売、液化石油ガス器具等の製造及び販売等を規制することにより、液化石油ガスによる災害の防止や液化石油ガスの取引の適正化を目的としています。やはり平成29年にガス事業法との整合性と料金の適正化やその公表を目的とした改正がなされました。

液化石油ガスとは法律上、プロパン、ブタンなどを主成分とするガスを液化したもので、適用範囲は、調理器具、給湯器、空気調和設備など、生活のために液化石油ガスを使用する一般消費者向けですが、用途等によっては、高圧ガス保安法の適用を受けます。オートガススタンドは高圧ガス保安法、消費者戸数が70戸以上の旧簡易ガス事業は、ガス小売事業者となりガス事業法の適用を受けます。

ガス業界における資格

ガス事業法における資格には「ガス主任技術者」があります。

ガス主任技術者はガス事業法に基づき、ガス工作物の工事、維持及び運用に関する保安の監督を行います。

甲種、乙種、丙種の区分があり、丙種は、「特定ガス工作物」と称する旧簡易ガス事業に係るガス工作物の工事、維持及び運用を行える資格です。

高圧ガス保安法に伴う資格は、以下の通り高圧ガス製造保安責任者、高圧ガス販売主任者があります。

①高圧ガス製造保安責任者

この資格には、

・甲種化学、甲種機械
・乙種化学、乙種機械
・丙種化学（液化石油ガス）
・丙種化学（特別試験科目）

があります。

丙種化学（液化石油ガス）とは、LPガス充填事業所、LPガススタンド等のLPガス製造事業所において、LPガスの製造に係る保安の統括的または実務的な業務を行う人に必要な資格で、製造施設の規模により、保安技術管理者に選任される場合には制限を受けます。

②高圧ガス販売主任者

第一種、第二種販売主任者があり、その名の通り販売に関する資格です。

さらに、液石法に関する資格として、液化石油ガス設備士があります。

これは、一般家庭用等のLPガス供給・消費設備の設置工事等を行う人が取得しなければならない資格です。

第2章

世界と日本の一次エネルギー

——LNG、LPガスと日本への輸入

エネルギー輸入大国日本

一次エネルギーのほとんどが輸入頼り。内訳はLNGが2割超

Point

◉世界の一次エネルギー消費は毎年1～2％伸びている

◉世界消費の内訳は原油が33％で最も多く、再生可能エネルギーは3・2％にすぎない

世界の一次エネルギーの消費構成

英蘭系メジャーのBPが毎年発表しているエネルギー統計（以下、BP統計）の2017年版によれば、2016年の全世界の一次エネルギーの消費量は、原油換算で合計132・8億トン、前年比で1・3％増です。

内訳は原油44億トンで33％、石炭37億トンで28％、天然ガス32億トンで24％、水力9・1億トンで7％、原子力5・9億トンで4・5％。そしてアメリカやドイツ、そして中国等も伸びを見せている再生可能エネルギーは、まだ4・2億トンで3・2％が実力です。

日本の一次エネルギー

日本の2016年度の一次エネルギーの供給量が資源エネルギー庁から発表されました。

その総量は、原油換算で520百万kℓ。内訳は、原油が203百万kℓで構成比39％。石炭は130万kℓで24・7％。再生可能エネルギー（水力除く）は22百万kℓで4・3％。水力は17百万kℓで3・3％。原子力は4百万kℓで0・7％となりましたが、再生可能エネルギーが前年比24％も増加しています。

エネルギーをどうするのかは、国家戦略の最初に議論されるべき、重要なテーマです。

その具体策は、第9章に譲るとして、本章では、世界の一次エネルギーが、それぞれどういう特徴を持っているのか。生産量やその割合、そして資源としての可採年数等の概略を把握しておきたいと思います。

世界の一次エネルギー構成比

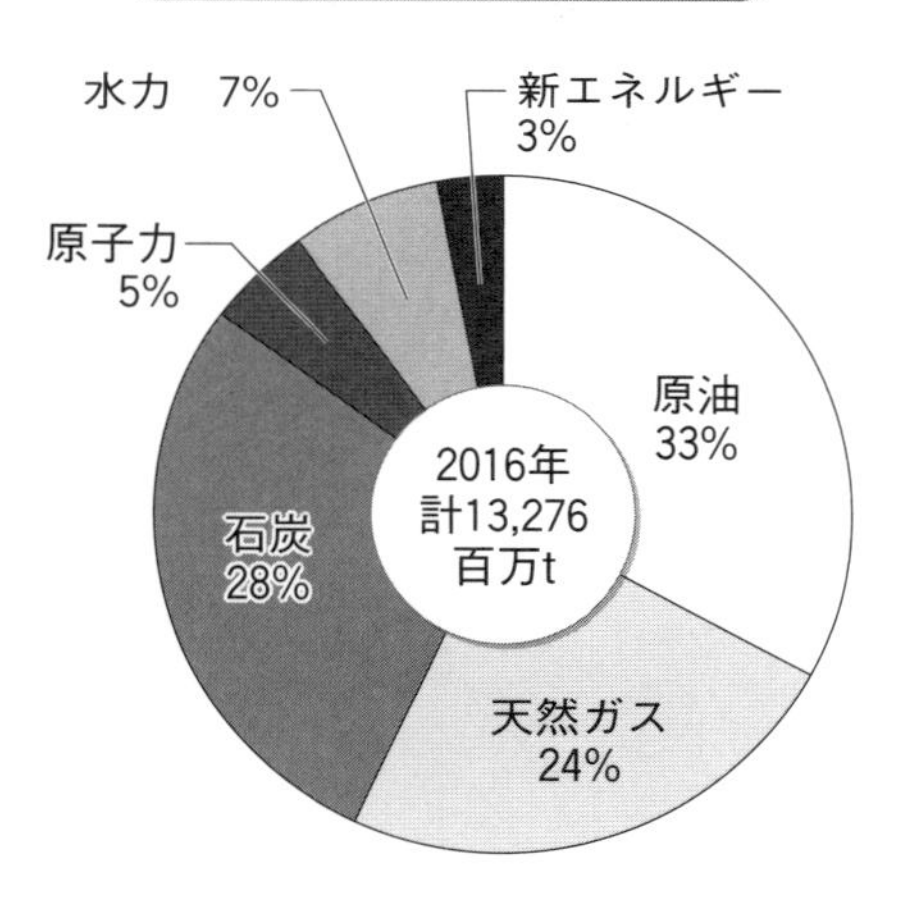

世界の一次エネルギー消費量（原油換算トン）の推移

（単位：百万トン）

暦年	原油	天然ガス	石炭	原子力	水力	新エネ	合計	前年比
2016	4,418	3,204	3,732	592	910	420	13,276	1.3%
前年比	101.8%	101.8%	98.6%	101.6%	103.0%	114.4%	101.3%	
構成比	33.3%	24.1%	28.1%	4.5%	6.9%	3.2%	100.0%	
2015	4,341	3,147	3,785	583	883	367	13,105	1.4%
2014	4,211	3,066	3,882	574	879	317	12,929	0.9%
2013	4,179	3,053	3,867	564	862	283	12,808	2.7%
2012	4,131	2,987	3,730	560	831	237	12,476	2.1%
2011	4,081	2,914	3,629	600	795	206	12,225	2.1%
2010	4,032	2,843	3,532	626	779	166	11,978	5.4%
2009	3,909	2,661	3,306	614	736	137	11,363	0.6%

出所：BP統計2017

一次エネルギーの埋蔵量と可採年数①

原油の可採年数は51年。ＬＰガスは天然ガス随伴型が増加

Point

◉原油の確認埋蔵量は、ここ10年で約２割増加

◉原油随伴型に加え、天然ガス、シェールガス随伴型が伸びているＬＰガス

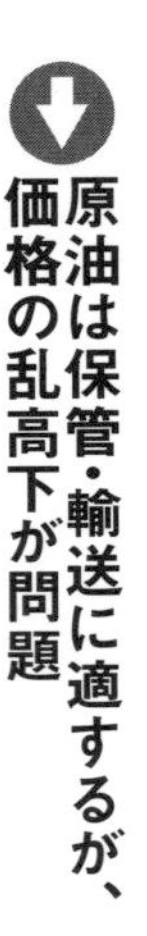

原油は保管・輸送に適するが、価格の乱高下が問題

ＢＰ統計２０１７によれば、２０１６年末の世界の原油確認埋蔵量は１兆７０６７億バレルで、それを１日の生産量９２１５万バレルを３６５倍した年間生産量３３６億バレルで割ったのが可採年数で、50・６年です

この埋蔵量は２００６年の１兆３８８３億バレルから２割も増加しています。

その理由は、水平掘削技術等が格段に進歩したこと、原油価格が比較的堅調に推移し、シェールオイル等の確認埋蔵量が増えていることが考えられます。

原油の長所は常温では液体でエネルギー密度が高く保管や輸送に最適なことです。

しかし確認埋蔵量の71%をＯＰＥＣ諸国が、そして48%を中東諸国が占めているなど、地政学的なリスクが高いのも事実で、例えばホルムズ海峡問題もその一つです。

原油の価格は、大昔はメジャーが、その後はＯＰＥＣが、二度の石油危機以降は現物市場が、その後は現業者だけでなく、投機筋も含めた先物市場が決めてきたので、現物の需給バランス以上に乱高下してきましたが、昨今は米国のシェールオイル効果でかなり安定化してきました。

words

【MB（Mont Belvieu）価格】 テキサス州モントベルビューで決定されるLPガスの市場価格。原油価格との連動ではなくLPガスの実際の需給で決まる。現在は、サウジのCP価格よりトン当たり数百ドルも安いこともある。日本への輸送を含めた総コストは、MB価格がCP価格より安定的に120～150ドル安いなら採算に合う。

資源としてのLPガス

ＬＰガスは、統計上原油や石油製品等に含まれてしまうのが、今までの常識でした。

その理由としては、原油精製過程で最初に出るＬＰガスを販売していたからでしょう。

しかし昨今は、原油採掘時に出てくる原油随伴型と天然ガス開発時に回収する天然ガス随伴型、そしてシェールオイル・シェールガス随伴型のＬＰガスが急増しています。

天然ガス随伴型の代表がカタール産のＬＰガスです。カタールは中東諸国の一つなので、原油随伴型か原油精製由来と思われがちですが、天然ガス随伴型が大部分です。

また第３章でご説明するシェールガス・シェールオイル随伴型の代表は米国産のＬＰガスです。

資源としてのＬＰガスの埋蔵量や可採年数を個別に調査した文献や資料は見たことがありませんが、筆者の私見では、原油や天然ガスと同等と考えてよいと思います。

ＬＰガスの特徴は、常温では気体ですが、簡易な設備での冷却で、体積が２５０分の１の液体になることです。原油ほどではありませんが、ＬＮＧより貯蔵や輸送がはるかに容易であると言えるでしょう。

ＬＰガスの問題は、価格を決定する際の誰もが納得する世界市場がなかったことです。

サウジアラビアが一般の取引価格を参考にしているとはいうものの、一方的に通告するＣＰ価格で決められ、また夏と冬の価格変動が激しいことも問題でした。

しかし近年米国のＬＰガスが多く産出されるに伴い、それまで米国テキサス州の取引価格に過ぎなかった**ＭＢ（モントベルビュー）価格**が、輸出基地の整備やパナマ運河の拡張工事完了で、ＣＰ価格に影響を与えるようになり、ＬＰガス価格は安定化しつつあります。

一次エネルギーの埋蔵量と可採年数②

石炭の可採年数は150年。中国等で消費急増

Point

◉石炭の埋蔵量は米国が最も多く、世界の2割強を占める
◉石炭価格は大幅上昇後、近年は下落

石炭の埋蔵量と可採年数

ＢＰ統計２０１７によれば、石炭の埋蔵量は２０１６年で1兆１３９３億トンです。年間生産は75億トンなので、可採年数で約１５０年分となります。

その分布は、米国が２５９４億トン（23％）で３５６年分。ロシアが１６０４億トン（14％）で４１７年分。中国が２４４０億トン（21％）で72年分。オーストラリアは１４４８億トン（13％）で２９４年分。インドは９４８億トン（８％）で１３７年分等となっています。

石炭は用途によって、製鉄高炉用の原料炭、練炭、豆炭等の原料になる無煙炭、そして火力発電等に使われる一般炭等がありますが、全体の８割弱が一般炭です。

石炭の生産は２００２年までは年間40億トン台で安定して推移してきました。しかし中国やインドの発展とともにアジア地域での消費が急増したことから、２００３年53億トン、２００７年65億トン。２０１０年72億トン、そして２０１２年は82億トンと年々増加してきましたが、２０１６年は75億トンと前年比６・５％減になりました。

それとともに世界の石炭の価格は、近年大

words 【各種単位】k=キロ、10の3乗。M=メガ、10の6乗。G=ギガ、10の9乗。T=テラ、10の12乗。P=ペタ、10の15乗。p=ピコは10のマイナス12乗。

日本の一次エネルギー輸入CIF単価（熱量換算）の年度推移

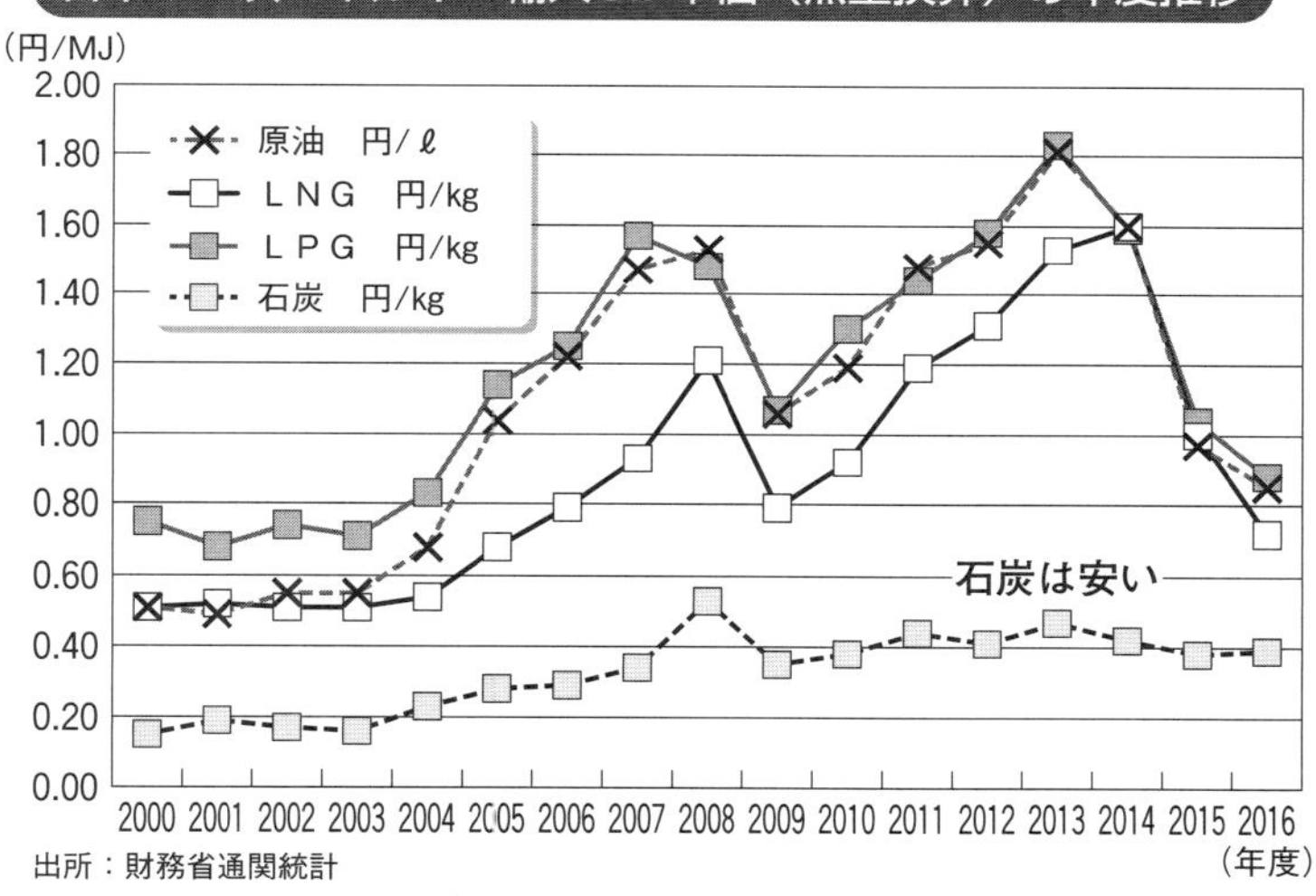

出所：財務省通関統計

幅上昇しました。例えば日本の一般炭なら、円安分を除くドルベースで、1トン当たり2003年の35ドルから、2008年123ドル、2012年では134ドルとなりましたが、折からの資源価格安を受け、2016年には73ドルまで下がりました。

それでも熱量換算では原油の約4割です。

しかし国際的な貿易量は13億トンと少なく、全生産量の約17％にすぎません。これは石炭が重く嵩張るためで、長距離の移動や長期の保存には向かない地産地消型のエネルギーであることの証明だと思います。

また石炭は他の化石燃料に比べて炭酸ガスの排出量も多く、地球温暖化対策上は敬遠されています。しかし石炭ガス化発電等の最新技術を持っている日本にとって、CCS（二酸化炭素回収貯蔵技術）が確立すれば、原発停止で不足する電力問題の救世主の一つとなる可能性を秘めています。

天然ガスの確認埋蔵量は187兆㎥、可採年数は52・5年

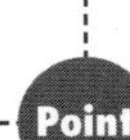

Point

◉シェールガスなど非在来型の天然ガスは今後増産が見込まれる
◉在来型天然ガスは広く世界に分布しているが、埋蔵量はロシアが多い

天然ガスの生産量、埋蔵量と可採年数

ＢＰ統計２０１７によれば、２０１６年の天然ガスの世界生産量は、３兆５５１６億㎥です。一番多い国は７４９２億㎥の米国で、この生産量は毎年増加しています。

米国の生産量のうち、シェールガス分の産出量についてはＥＩＡ（米国エネルギー情報局）が約51％（２０１５年）と報じています。

天然ガスの特徴は、その産地が広く世界に分布していることで、エネルギーセキュリティーを考えれば、中東に偏る石油より安全といわれています。

天然ガスの確認埋蔵量は、ＢＰ統計によれば、２０１６年で１８７兆㎥です。上記の世界生産量で割れば可採年数は約52・５年です。天然ガスの埋蔵量は、国別ではロシアが一番多くなっています。

その一方、地域でみると、４割強が中東に存在していることがわかります。

さてシェールガスの世界の埋蔵量ですが、前述のＥＩＡによれば、２０６兆㎥となっており、中国が最大の埋蔵量を保有しています。

しかし米国以外のシェールガスは、その採算性と確実度がまだ不明なので、本書ではその可採年数にはふれないことにします。

words 【コール・ベッド・メタン（coal bed methane；略称CBM）】石炭の生成過程で生じ、地下の主に石炭層に貯留されているメタン。炭鉱の坑道内に漏出し、爆発事故の原因の一つと危険視されてきたが、近年は資源として評価され米国では商業生産が開始。日本では夕張市が試掘に成功し、その資源量は77億m³と発表されている。

天然ガス生産量地域別構成比

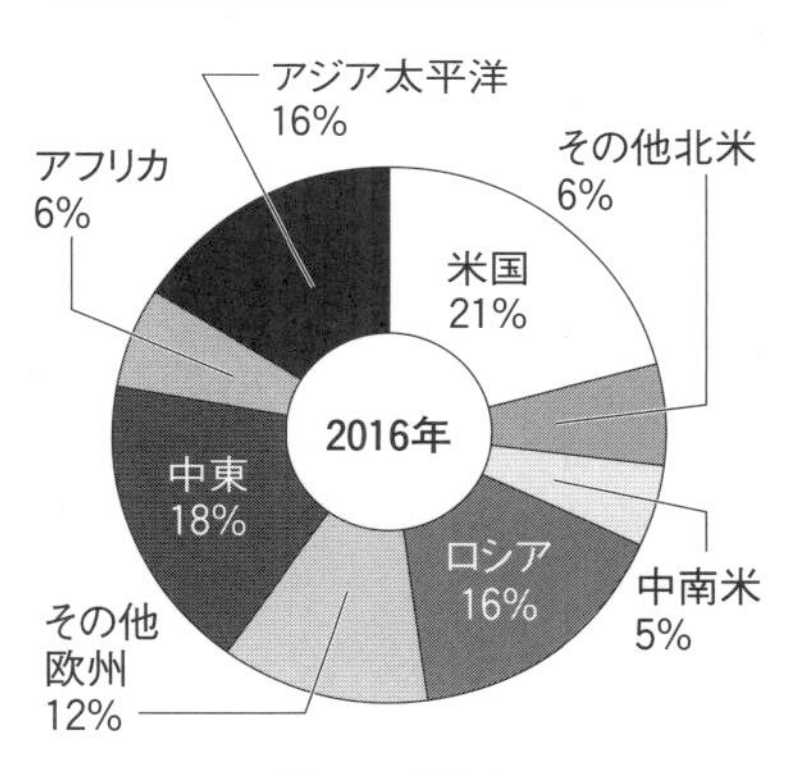

計35516億m³

天然ガス埋蔵量地域別構成比

米国 5%
その他北米 1%
アジア太平洋 9%
中南米 4%
アフリカ 8%
ロシア 17%
2016年
その他欧州 13%
中東 43%

埋蔵量計187兆m³　可採年数52.5年

出所：BP統計2017

米国の在来型ガス、シェールガス及びCBM生産量

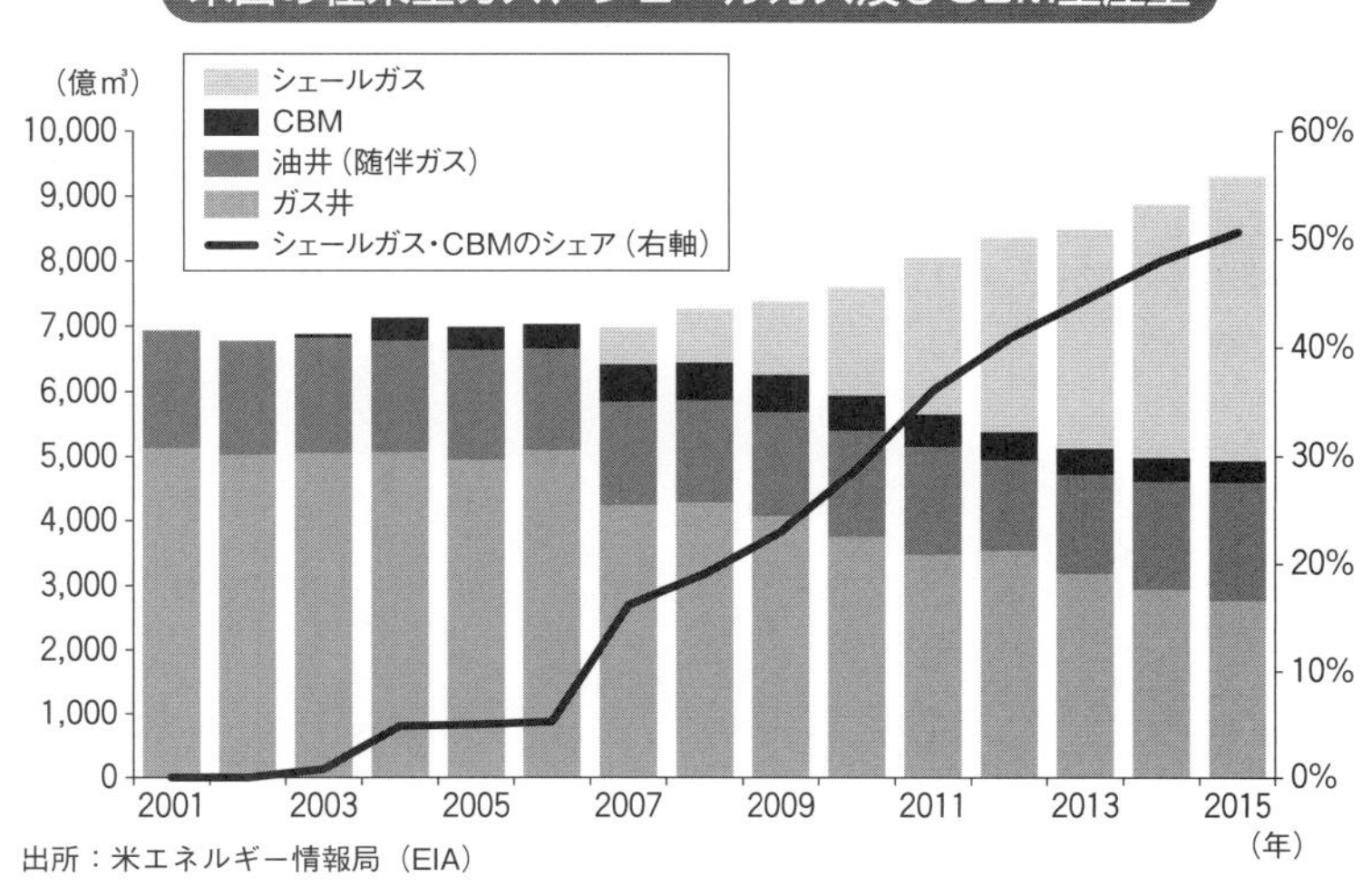

出所：米エネルギー情報局（EIA）

天然ガスの世界取引

パイプラインによる気体状の取引とLNGの取引では、市場も価格も異なる

Point

◉天然ガスのうちLNGで取引されているのは約1割。そのLNGの3割以上を日本が輸入

◉LNGは大半が長期プロジェクト。スポット取引はごくわずか

2016年、世界のLNG貿易量

BP統計2017によれば天然ガスの世界総使用量は約3・2兆㎥です。2016年の消費国内での生産は約2兆㎥、残りの1兆㎥が移動を伴う貿易によって供給されています。

その内訳は、パイプラインによる気体状の天然ガスが約7375億㎥、液化されたLNGをLNGタンカー等で運ぶ取引が約3466億㎥です。

従って、液体のLNGでの供給は、天然ガスの総使用量の約1割ということになります。

さて世界最大のLNG輸入国はどこだと思いますか。実は2016年実績で何と日本です。気体換算で1085億㎥。すなわち第一位の日本だけで世界のLNGの3割以上を購入しているのです。

2位が韓国で439億㎥、3位が中国で343億㎥、4位インド225億㎥、5位が台湾で195億㎥です。アジアで2416億㎥になります。

以上で、世界のLNGの市場規模が如何に小さいかおわかりいただけるでしょう。

その最大の輸入国の日本も約8割が長期契約なので、純粋のスポット市場は、本当に小さい規模なのです。

words 【ヘンリーハブ価格】米国の気体状の天然ガスの指標価格。ルイジアナ州にある十数本のパイプラインの集積地（ハブ）の名称に由来するもの。米国内で取引量が特に多く、ニューヨーク商品取引所に上場する天然ガスの先物価格の指標にもなっている。価格は天然ガスの実際の需給で決まり、WTI等原油価格との相関性は低い。

世界の天然ガスの価格について

世界にはいくつかの天然ガス価格が存在しますが、有名な**ヘンリーハブ価格**は、米国の気体状の天然ガスの価格指標です。このヘンリーハブ価格は、天然ガスの需給バランスを反映する現物市場で、カナダのアルバータ価格もほぼ同様の動きをしており、原油価格との連動性は低くなっています（第３章70ページグラフ参照）。

ＮＹＭＥＸには天然ガスの先物価格もありますが、こちらは金融市場の価格です。

二つ目は、欧州・英国の天然ガス先物のＮＢＰ価格で、ロシアからパイプラインで送られる天然ガス価格や中東からのＬＮＧ価格との競争で決まっている現実的な価格です。ドイツの輸入ＣＩＦ価格も同様の動きです。

三つ目は、日本の輸入するＬＮＧ価格です。ＬＮＧの輸入はインフラの整備も含め、莫大な総投資額が必要な長期プロジェクトが多く、日本の総輸入量の約８割は長期契約です。

その価格決定方法は、契約で決められます。以前は最低価格を決め、それを超えた場合は原油価格に緩やかに連動するＳ字リンク方式でしたが、今は日本の原油輸入価格に連動する方式が一般的です。

このように、需給で決まる天然ガス価格と液化能力や輸送能力が限られるＬＮＧ価格は別商品の価格と言っていいでしょう。

市場規模が小さいＬＮＧをスポットで大量購入すれば、高騰するのは経済原則です。

このような事態を解消する意味でも日本でＬＮＧの先物取引が検討されています。

先物取引でも現物転換ができれば理想ですが、備蓄タンク等の問題から無理でしょう。

筆者もリスクヘッジになる利点を期待するものの、現業者以外の投機家等によるギャンブル市場にならないことを切に祈ります。

原油・天然ガスの開発

日本の自主開発比率は国内需要の約25%。リスクも高く、開発費はより高額に

日本企業による石油・天然ガス開発

日本の企業や企業連合による海外での石油や天然ガスの自主開発は、資源を長期安定的に確保することはもちろん、日本と産油国・産ガス国との間の相互依存関係を構築し、それを深めていくことにもなり、エネルギー安全保障上大きな意味を持っています。

現在日本の企業は、中東、東南アジア、アフリカ、南北アメリカ、オーストラリア、ロシア等と世界各地で140件近いプロジェクトを手掛け、そのうち半数にあたる約70件のプロジェクトで開発が成功し、石油や天然ガスの商業生産をしています。

この結果、日本企業等が有する石油・天然ガスの「**自主開発比率**」は、国内需要の約25%に達しています。

しかし日本の資源開発は、世界第3位の経済力と比較してまだ脆弱なのは残念な事実です。第二次世界大戦の敗戦国だったことからその開始が遅れ、資金力や技術力も劣るためです。世界の資源メジャー企業と競争していくには、石油元売は国内の不毛な価格競争から早く脱却して体力をつけることが必要です。また国の支援も欠かせないでしょう。

Point

- ◉日本の企業が世界で手掛けるプロジェクトは140件近い
- ◉記憶に残るアルジェリアの人質事件。開発は常にリスクと背中あわせ

words 【自主開発比率】我が国企業が単独または共同で石油や天然ガス開発をし、我が国企業の権益下にある石油や天然ガス等の引取量の割合を自主開発比率と言う。従来はせいぜい8%程度であったが、現在は天然ガスも含めれば25%にまで拡大した。現在の政府目標は40%だが、その具体的方法や予算等は示されていない。

開発総額は高額になっていく

一昔前、原油を地上の砂漠等で開発する時は、探鉱に5億～10億円。試掘にも1本5億～10億円。最低4～5本掘るので、総額は例えば50億円と、こんな計算が出来ていました。

しかし現在の投資総額は、プロジェクトにもよりますが、10倍から100倍の1千億～3千億円かかるともいわれています。

その理由の第一は、資源価格の高騰で掘削費や開発費が高騰したことでしょう。

掘削においても、従来の垂直掘りから、水平掘削も可能となり、その深度も増したこと。

開発場所も陸上から浅い海上（大陸棚）、そして水深1000m以上の深海、あるいは極寒地域と、より困難な条件の場所に広がっていることなどがあげられます。

また、政治不安や治安の悪い地域等、地政学的なリスクなどすべてを含め、カントリーリスクが高いのも事実です。

イラクはまだまだ治安が安定していません。2013年1月、北アフリカのアルジェリアで日本のプラント会社である日揮の社員を含む人質事件が起きて、多数の犠牲者が生じました。

その犠牲をお金に換えることはできませんが、すべてがコストアップ要因です。

また開発国での道路や港等のインフラの整備が必要ということもあります。

そして中国等これからエネルギー需要が大幅に拡大する国との資源獲得競争に打ち勝たなくてはならないのです。

さらに、天然ガス開発においては、採掘後の液化冷却施設や備蓄施設、出荷施設が必要であり、加えて輸送用のLNGタンカーも、プロジェクトごとに建造するのが一般的です。

従ってLNG開発は原油に比べ、数倍の費用が掛かるのも事実なのです。

開発までの長い道のり

一般的に、石油や天然ガスの開発は、以下に説明する５つの段階を経て行われます。

１．鉱区権益の取得

まずは、石油・天然ガスの資源が存在する可能性が高い地域を求めて、各種情報を収集し、既存のデータをもとに原油等の資源の存在する可能性を推定し、鉱区の価値を判断します。

鉱区の権益は、国によってリース契約、利権契約・請負契約など形態が異なります。日本では管轄の経済産業省経済産業局に鉱業権を出願します。

２．探鉱

物理探査データ等により、石油・天然ガスの鉱床を推定します。

重力探査、磁力探査、地震探査などがありますが、最も有力なのが三次元地震探査です。これら物理探査までに得られた情報により、埋蔵量や成功確率を推定し、試掘位置と目標深度を定め掘削するのです。

３．採算性の検討

数坑の試掘が成功した場合、埋蔵量等を確認し、採算性を評価、開発を進めるかどうか検討します。

４．開発

あらゆる条件を踏まえ、油・ガス田開発計画を策定し、環境・安全（環境保全）確保のための計画を策定します。

開発計画に則り生産井を掘削すると同時に、原油・ガス処理施設、送油・送ガス及び出荷等の諸施設を建設します。

5. 生産・販売

採掘された原油や天然ガスは、不純物や水分を処理した後、原油はタンカーやパイプラインにより消費国や消費地へ輸送し販売されます。もちろん産出国が一定割合の権益を持っている場合は、産出国の一般消費に充てられることもあります。

天然ガスは、ガスのままパイプラインにより輸送され消費されるケースと、遠隔地の場合はいったんＬＮＧに液化し、ＬＮＧタンカーにより、消費地のＬＮＧ受入基地に輸送され、再びガスに戻された後、パイプラインにより輸送され販売されるケースがあります。日本の場合は、ほぼすべてＬＮＧによる輸入です。

その他、石油・天然ガス開発の流れの詳細は、石油鉱業連盟のＨＰ、開発技術に関しては、石油技術協会のＨＰの「石油開発ＡＢＣ」が詳しいので参考にして下さい。

国の支援組織とは

過去主要な支援母体であった石油公団は２００５年に廃止されましたが、２００２年に公布された「独立行政法人石油天然ガス・金属鉱物資源機構法」に基づき、ＪＯＧＭＥＣ（Japan Oil,Gas and Metals National Corporation）が２００４年に設立されました。

この団体は従来の石油公団と金属鉱業事業団の機能に加え、災害時の石油・ＬＰガスの供給や資源開発への支援等の目的も追加され、２０１３年や２０１７年には、メタンハイドレートの試掘成功のニュースもあり、その名は広く国民に知られるようになりました。

その他国の支援組織としては、国際協力銀行（ＪＢＩＣ）や日本貿易保険（ＮＥＸＩ）等がありますが、筆者のイメージする資源獲得のための国家戦略とは、一桁レベルが違うような気がしています。

継続中のLNG開発&輸入プロジェクト

表は、現在継続中のLNG関係の開発プロジェクトです。

これを見るだけでも、都市ガスだの電力だの石油だのという業界の垣根など、もはや存在しないことがわかると思います。

継続中のLNGプロジェクト

【生産中】

国名	プロジェクト名（出荷基地名）	契約期間／年数	購入量（万t/年）	買主（数量）
ブルネイ	ブルネイ（ルムット）	（1972開始）2013.4〜2023.3/10年	340	東京電力（203）、東京ガス（100）、大阪ガス（37）
UAE	アブダビ（ダス島）	（1977開始）1994.4〜2019.3/25年	430	東京電力（430）
		2005.4〜	53	東京電力（53）
マレーシア	マレーシア・サツ（MLNG Ⅰ）（ビンツル）	（1983開始）2003.4〜2018.3/15年	560	東京電力（360）、東京ガス（200）
		2003.4〜2018.3	180	東京電力（120）、東京ガス（60）
	マレーシア・デュア（MLNG Ⅱ）（ビンツル）	2013.10〜2028.9/15年	45	西部ガス（45）
		2015.4〜2025.3/10年	90	東京ガス（90）
		2016〜2026/10年	70	東北電力（37）、静岡ガス（33）
	マレーシア・ティガ（MLNG Ⅲ）（ビンツル）	2004.4〜2024.3/20年	68	東京ガス（34）、東邦ガス（22）、大阪ガス（12）
		2005.4〜2025.3/20年	50	東北電力（50）
		2007.4〜2027.3/20年	52	東邦ガス（52）
		2009.4〜2029.4/20年	12	東邦ガス（12）
		2003.5〜2023.4/20年	48	石油資源開発（48）
	MLNG（ビンツル）	2009.4〜2024.3/15年	80	大阪ガス（80）
		2010.4〜2030.3/20年	42	四国電力（42）
		2011〜2031/20年	54	中部電力（54）
		2016.4〜2026.3/10年	10	広島ガス（10）
インドネシア	インドネシア再延長（ボンタン）	2011〜2021/10年	200	中部電力（64）、関西電力（58）、九州電力（26）、東邦ガス（13）、大阪ガス（29）、新日鉄住金（10）
	タングー	2010〜2025/15年	12	東北電力（12）
		2014〜2036/22年	100	関西電力（100）
	ドンギ・スノロ	2014〜2027/13年	130	中部電力（100）、九州電力（30）
オーストラリア	ダーウィン（ダーウィン）	2006.2〜2023.1/17年	300	東京電力（200）、東京ガス（100）
	西豪州（NWS）（ウィズネルベイ）	2009.4〜2024.3/15年	93	関西電力（92.5）
		2009.4〜2021.3/12年	143	中部電力（143）
		2009.4〜2029.3/10年	76	東邦ガス（76）
	西豪州（NWS）拡張（ウィズネルベイ）	2004.7〜2929.6/25年	137	東京ガス（107.3）、東邦ガス（30）
		2004.11〜2034.10/30年	100	大阪ガス（100）
		2005.5〜2029.4/24年	13	静岡ガス（13）
		2006.4〜2021.3/15年	50	九州電力（50）
		2009.4〜2024.3/15年	60	中部電力（60）
		2010.4〜2019.3/9年	100	東北電力（100）
	プルート	2012〜2027/15年	325	関西電力（175）、東京ガス（150）
	ゴーゴン（Barrow島）	2014〜2039/25年	422	中部電力（144）、九州電力（30）、東京ガス（110）、大阪ガス（137.5）
	ウィートストーン	2017〜2037/20年	612	東北電力（92）、東京電力（350）、中部電力（100）、九州電力（70）
	クィーンズランド・カーティス（CBM）	2015〜2035/20年	120	東京ガス（120）

【生産中（続き）】

オーストラリア	オーストラリア・パシフィック	2016～2036/20年	100	関西電力(100)
カタール	カタール（ラス・ラファン）	1997.1～2021.12/25年	400	中部電力(400)
		1999.1～2022.12/24年	200	東北電力(52)、東京電力(20)、関西電力(29)、中国電力(12)、東京ガス(35)、東邦ガス(17)、大阪ガス(35)
		2012.8～2022.7/10年	100	東京電力(100)
		2013～2028/15年	100	中部電力(100)
		2013.1～2027.12/15年	50	関西電力(50)
		2016～2022/6年	20	中部電力・静岡ガス共同調達(20)
		2016～2031/15年	6	東北電力(6)
オマーン	オマーン（カルハット）	2000.12～2025.11/25年	66	大阪ガス(66)
		2006.5～2026.4/20年	70	伊藤忠商事（中国電力）(70)
	カルハット（カルハット）	2006.4～2021.3/15年	80	三菱商事（東京電力）(80)
		2009.1～2025.12/17年	80	大阪ガス(80)
ロシア	サハリン（プリゴロドノエ）	2007.4～2029.3/22年	200	東京電力(200)
		2009.4～2031.3/22年	50	九州電力(50)
		2007.4～2031.3/24年	110	東京ガス(110)
		2009.4～2033.3/24年	50	東邦ガス(50)
		2008.4～2028.3/20年	21	広島ガス(21)
		2010.4～2030.3/20年	42	東北電力(42)
		2014.4～2028.3/14年	7	西部ガス(6.5)
		2011.3～2026.3/15年	50	中部電力(50)
		2008～2031/23年	20	大阪ガス(20)
パプアニューギニア	PNG LNG	2014～2034/20年	330	東京電力(180)、大阪ガス(150)
ポートフォリオ契約（シェル・イースタン・トレーディング社）	特定せず	2012～2037/25年	80	大阪ガス(80)
		2014～2034/20年	72	中部電力(72)
	BP	2012.4～2028.3/16年	50	中部電力(50)
		2014.5～2037.4/23年	56	関西電力(56)
		2017～2034/17年	120	東京電力(120)
		2017～2032/15年	50	関西電力(50)
	シェル(BG)	2014～2039/25年	41	中部電力(41)
	ペトロナス	2017.4～2027.3/20年	54	東邦ガス(54)
合　計			7,966	

【新規】

国名	プロジェクト名（出荷基地名）	契約期間／年数	購入量（万t/年）	買主（数量）
マレーシア	MLNG	2018.4～2028.3/10年	16	仙台ガス(16)
		2018.4～2028.3/10年	38	北陸電力(38)
		2018.4～2028.3/10年	13	北海道電力(13)
インドネシア	センカン	-	50	東京ガス(50)
オーストラリア	イクシス	2018.4～2033.3/15年	477	東京電力(105)、中部電力(49)、関西電力(80)、九州電力(30)、東京ガス(105)、東邦ガス(28)、大阪ガス(80)
	プレリュード	2018～2026/8年	63	東京電力(56)、静岡ガス(7)
		2018～2033/15年	0	
カメルーン	カメルーン	2018～2038/20年	120	東京電力(120)
		2018～2038/20年	90	関西電力(40)、東邦ガス(50)
		2022～2038/22年	30	東北電力(30)
		2018～2038/20年	27	東北電力(27)
		2020～2039-2040/19-20年	72	東京ガス(72)
	フリーポート	2017～2037/20年	440	中部電力(220)、大阪ガス(220)
	コーブ・ポイント	2017～2037/20年	220	関西電力(80)、東京ガス(140)
	トタル	2019.4～2036.3/17年	40	中国電力(40)
合　計			1,696	

出所：資源エネルギー庁ガス市場整備課作成資料と各社プレスリリースを基に、筆者作成

LNG、LPGタンカーの特徴

LNGタンカーには冷却機能が必要。輸送効率は原油タンカーの3分の1

Point
- ●LPガスタンカーは原油タンカーの5分の1程度しか運べない
- ●LNGタンカーは入港できる港も限られている

エネルギーは安全かつ定期的に日本に輸送してこそ、その価値があるので、各種のタンカーについても紹介しておきます。

①VLCC　原油タンカー

各種タンカーのうち最も一般的なのは原油タンカーです。過去に日本石油が作った50万トンの日精丸は、当時世界最大級と記憶しています。しかし大き過ぎると着さんできる港や石油基地が限られるので、今は30万トン級のVLCC（Very Large Crude Carrier）が主流で、概要は以下の通りです。

・全長333m、全幅60m、喫水22m
・価格は
日本製：100億～105億円（30万トン）
韓国製：90百万～95百万ドル（32万トン）
中国製：85百万～90百万ドル（31万トン）

原油の比重を0・926とし、30万トン級で32・4万kℓを運び、原油の熱量を約38MJ／ℓとすれば、一隻で1231GJのエネルギーを運んでいることになります。

②VLGC　LPガスタンカー

一般的な大きさは、4万～5万トンで、原油タンカーの6分の1以下です。以下概要。

・全長233m、全幅37m、喫水12m
・価格は
日本製：70億～80億円（8万㎥超）

韓国製：72百万～73百万ドル（8万㎥超）
中国製：65百万～70百万ドル（8万㎥超）

LPガスタンカー4・5万トンのVLGC（Very Large Gas Carrier）なら、熱量約50MJ／kgとして、輸送できるエネルギーは一隻225GJです。

原油の5分の1程度なので、原油が如何に保存や移動性能に優れたエネルギーであるかが改めてわかります。

LNGタンカーエネルギーホライズン号
写真提供：東京ガス

③LNGタンカー

一般的な大きさは、8万トンクラスで、全長300m、全幅45m、喫水11mです。

実はLNGタンカーは、原則長期プロジェクトごとに作られているので、価格相場というものはないそうです。従ってあくまで標準的な16万～17万㎥級の価格ですが、約200百万ドルなので原油タンカーの倍以上です。

LNG船の最大級はQMAX（カタールマックス）といわれ、そのクラスの大きさは、全長345m、全幅54m、喫水12m、タンク容量26万㎥で、約11万トンです。

ただし入港できる港が限定されているので、タンカーとしては一般的ではありません。

LNG船の特徴は、マイナス162℃にまで冷却し、断熱材で覆われた圧力タンクに入れて運ぶことです。そして一部のタンカーの動力は、気化した天然ガスを使って、スチームタービンエンジンで航行しています。

保温性能はボイルオフレート（自然気化率）と言いますが、これと航行中に使う燃料の使用量が同じ船が最も効率的と言えます。

LNGは、1kgの熱量を約55MJとすれば、8万トンなら4400GJ。原油タンカーの3分の1程度の効率です。

LNGの輸入一次基地

都市ガス会社、電力会社をあわせた日本のLNG一次基地は35カ所

Point

◉一次基地の合計貯蔵能力は、1900万kℓ。備蓄量としては1カ月弱

◉二次基地は全国に7カ所。合計容量はわずか6万kℓ

日本に輸入されたLNGは、沿岸部の一次基地に搬入されます。実は、日本ガス協会では、都市ガス会社のLNG基地はある程度把握できるのですが、電力会社が保有しているもの、あるいは共同運用しているものなどの把握はかなり困難でした。

そこで公表済みの当局資料から、電力や都市ガスの業界にとらわれない形で筆者がまとめてみたのが、以下の数字です。

2017年7月現在で稼働している日本のLNGの一次基地は35カ所。合計貯蔵能力は、約1900万kℓです。LNGの比重を0・45とすると、855万トンになります。

2016年度の輸入総数量が、8475万トンですから、最大でも約1カ月分程度ですが、原油の備蓄が6カ月分あることを考えると極めて心配な数字です。

ちなみにこの35カ所の基地を適用法規別に分類すると、電気事業法が20カ所。高圧ガス保安法が8カ所。ガス事業法が16カ所。合計が35カ所を超えるのは、電力と都市ガスが共同運用している基地が、それぞれ異なる法規の規制を受けるためです。

ちなみに二次基地は、全国に7カ所。しかし合計容量は、約6万3千kℓですから、まさに流通在庫という感じです。

運転中の主なLNG一次基地（合計容量順）

（2017年７月現在）

基地名	場所	所有者	合計容量（千kℓ）	稼働開始
袖ヶ浦火力発電所 袖ヶ浦工場	千葉県	東京電力、東京ガス	2,600	1973年
泉北製造所第二工場	大阪府	大阪ガス	1,585	1977年
南横浜火力発電所 根岸工場	神奈川県	東京電力、東京ガス	1,180	1969年
富津火力発電所	千葉県	東京電力	1,110	1986年
扇島工場	神奈川県	東京ガス	850	1998年
川越火力発電所LNG設備	三重県	中部電力	840	1997年
姫路製造所	兵庫県	大阪ガス	740	1984年
日本海LNG新潟基地	新潟県	日本海エル・エヌ・ジー（東北電力、日本政策投資銀行、新潟県他）	720	1984年
知多LNG事業所	愛知県	知多エル・エヌ・ジー（中部電力、東邦ガス）	640	1983年
知多緑浜工場	愛知県	東邦ガス	620	2001年
堺LNGセンター	大阪府	堺エル・エヌ・ジー（関西電力、岩谷産業、コスモ石油、宇部興産）	560	2006年
東扇島火力発電所	神奈川県	東京電力	540	1984年
上越火力発電所	新潟県	中部電力	540	2012年
姫路LNG基地	兵庫県	関西電力	520	1979年
柳井発電所	山口県	中国電力	480	1990年
戸畑基地	福岡県	北九州エル・エヌ・ジー（九州電力、新日鐵住金）	480	1977年
大分LNG基地	大分県	大分エル・エヌ・ジー（九州電力、大分ガス）	460	1990年
清水LNG袖師基地	静岡県	清水エル・エヌ・ジー（静岡ガス、東燃ゼネラル石油）	337.2	1996年
四日市LNGセンター	三重県	中部電力	320	1988年
水島LNG基地	岡山県	水島エル・エヌ・ジー（中国電力、JX日鉱日石エネルギー）	320	2006年

一次基地の建設コストは、一般公開されているものは少ないのですが、一部入手できました。

平成10年完成の東京ガス扇島工場に増設された20万kℓの地下式タンク１基、ＬＮＧ気化器（150トン／時）は２基で、土地代を含まず、当時の価格で1700億円です。

また平成９年完成の仙台ＬＮＧ基地でも、８万kℓ１基で370億円なので、ＬＮＧはとにかくお金がかかることがわかります。

またＬＮＧタンクは、原則として産地の同じ、特に比重の同じものしか受け入れられない苦労があることなど、本書執筆時に初めて知りました。

LPガスの輸入一次基地と国家備蓄

民間の輸入一次基地は36カ所。貯蔵能力は備蓄義務を上回る

LPガスの国家備蓄

LPガスにおける国家備蓄や輸入基地は、LPガス業界の企業遺伝子が石油元売であるだけに、LNGと比べて非常に充実しています。

LPガスの国家備蓄の歴史は、原油ほど古くはないのですが、2005年に石川県七尾25万トンと長崎県の福島20万トン、2006年に茨城県神栖に20万トンの地上型の基地が完成。そして2013年には岡山県倉敷に40万トン、愛媛県波方に45万トンの地下式基地がそれぞれ完成し、合計150万トン、備蓄日数にして50日体制が確立し、2017年に積み増し完了です。

倉敷や波方の地下基地は、水封式地下岩盤貯蔵と呼ばれる方式ですが、写真で拝見しただけでも、とても大きいのがわかります。

岡山県倉敷の地下基地　　出所：JOGMEC

Point

◉LPガスの国家備蓄は2005年に開始、2017年に約140万トン（50日分）の備蓄完了
◉製油所等の生産基地は28カ所。貯蔵能力は25万トン

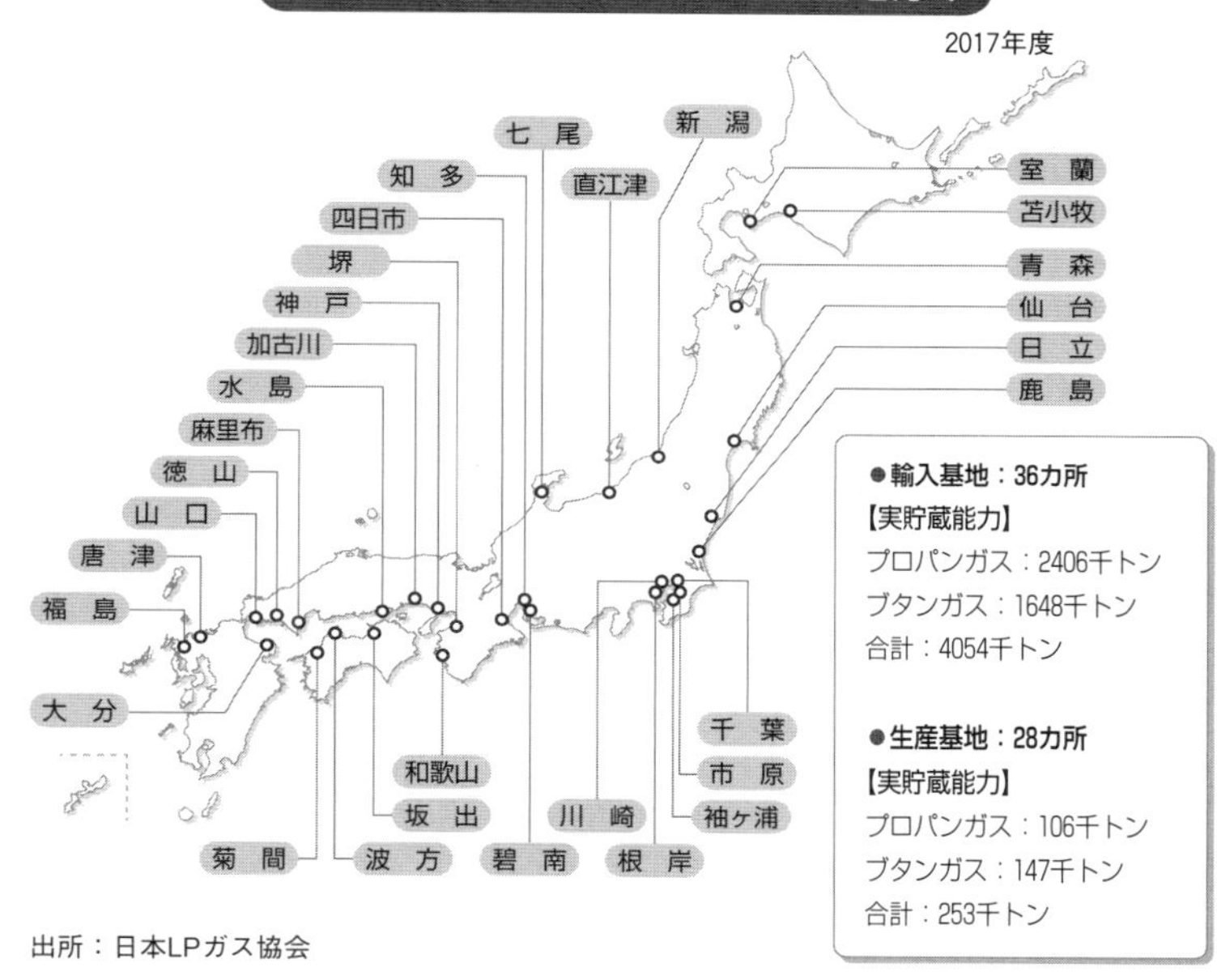

出所：日本LPガス協会

民間の一次輸入基地

民間の一次輸入基地は全国に36カ所あります（2017年度）。その貯蔵能力は、プロパンで241万トン、ブタンで165万トン、合計405万トンです。そのうち約50日分の150万トンが、民間の備蓄義務分でしたが、2018年より40日分に緩和されました。

ちなみに製油所等の生産基地は28カ所。そこでの貯蔵能力は、約25万トンです。

日本最大級の一次基地は、茨城県鹿島の、岩谷産業、ジクシス、ジャパンガスエナジーの3社共同運用の鹿島基地で、その能力は44・4万トンにもなります。

なお、LPガスタンクの建造費は、茨城県神栖基地の日本最大級の5万トンタンク（直径60m、高さ45m）が4基、合計20万トンで、325億円だそうです。

LNGには備蓄義務がない？

なぜＬＮＧに備蓄義務がないのか——筆者が考えるその理由

Point

- ◉石油があればよかった時代背景
- ◉冷却を必要とする物性上の理由
- ◉タンク建設コストが原油の10倍

石油備蓄法の歴史的背景

原油の備蓄は１８０日、ＬＰガスは国家備蓄基地の最大容量としての１５０万トン体制が確立し、その50日分相当の１４０万トンの積み増しも完了しましたが、ＬＮＧには、なぜか備蓄義務がなく、最大容量で約30数日、実質的な流通在庫では、約20日程度しかないことはあまり知られていません。

では、なぜＬＮＧには備蓄義務がないのか。現在ある法律ならその理由は書いてありますが、法律がない理由を特定するのは、かなり難しいので、あくまで筆者の推定です。

石油備蓄法は、第一次オイルショックを受け、その対策の一つとして昭和51（１９７６）年の４月に施行されました。重要なのはこの時代の一次エネルギーの構成比です。石油（ＬＰガス含む）73・４％、石炭16・４％、水力５・３％、天然ガスＬＮＧ２・５％、原子力１・５％なのです。

また都市ガスも、今のように天然ガスから作るメタンが多い13Ａ使用ではなく、古くは石炭から、その後の６Ａ時代も石油等いろいろな炭化水素から作られ、それを混ぜたものだったので、要するに石油さえあれば、何とかなったのだと思います。

words 【ボイルオフガス、ボイルオフレート】低温のLPガスやLNGのような低温液体を輸送や貯蔵する場合、外部からの自然入熱などにより気化するガスをボイルオフガスと言う。断熱材等により外部からの入熱を少なくすれば、ボイルオフガスは少なくなる。時間当たりの自然気化率をボイルオフレートと言い断熱性能等を表す。

LNGの物性上の特性とコスト

LNGは、気体の天然ガスを多大なるエネルギーを使いマイナス162℃に冷却して液化し、600分の1の体積にしてLNGタンカーに積み、日本到着後もその温度を維持し、液体状態を保ちます。しかしタンク内部への入熱により**ボイルオフガス**が発生するので、長期間保存する備蓄には向かないのです。

従って、LNGはなるべく短い時間で消費するよう輸送計画が組まれているのです。

この物性の違いは、備蓄タンクの形状を見てもわかります。

原油は圧力を伴わないので円筒状のタンク、LPガスは沸点（液化温度）が高いので球形のタンクで、両者とも地上に設置されているのに対し、LNGは絶対的な断熱が必要なので、半地下や全地下のタンクもあり、そのコストも莫大となります。

国家のエネルギー戦略と長期需要

それでも本当に必要ならLNGの備蓄を国の予算ですべきと思いますが、その前提となる国のエネルギー戦略が明確でないのです。

あくまで仮の話ですが、先の民主党政権の脱原発を信じてLNG備蓄タンクを作るために投資したら、自民党政権になって原発が復活し、LNGの絶対需要が大幅に減ったなんていうことが起こりかねません。

また次章で説明しますが、米国のシェールガスの増産で欧州への天然ガスの売り先がなくなったロシアが、日本への態度を柔軟に変更し、もしもの話ですが、北方領土問題を解決したとします。その勢いで日本への海底パイプラインを整備し、日本国内にもパイプライン網が出来たら、LNGを備蓄する高コストのタンクの必要性は低くなるでしょう。

要するにエネルギーは国家戦略なのです。

LNG他、各タンクの建設コスト

では本章の最後に各エネルギーの大型タンクの建設コストを比較してみます。

現在国内最大のLNGタンクは、2013年に完成した東京ガスの扇島4号タンクでしょう。容量は25万kℓ、直径72m、液面からの深さは61・7m、半地下式、工事期間約4年、建設費総額は200億円とされています。

また2010年完成の静岡ガス清水エル・エヌ・ジー袖師基地の第3号LNGタンクは、容量16万kℓ、直径72m、深さは40m、工事期間約3年、建設費は135億円との発表なので、両者の整合性はありそうです。

LPガスタンクは、神栖国家備蓄の5万トン（約10万kℓ）4基で325億円。2006年完成等の数字は見受けられますが、これはタンク建設費だけでなく、土地取得費から周辺施設費まですべて含まれているので、単純比較はできません。

民間のLPガスタンクではENEOSグローブの新潟ガスターミナルに設置されている4・5万トン（約9万kℓ）で、直径60m、高さ42m、竣工は1993年ですが、今、作ると約35億円（基礎込み）とのことで、LNGと比べると約4分の1のコストです。

原油タンクは、筆者も視察させていただいた喜入基地には、10万kℓ（直径82m、高さ24m）と16万kℓ（直径100m、高さ22・6m）の2種類のタンクがあります。

価格は現在建設すると筆者推定でおよそ15億円と20億円（基礎込み）なので、LNGの10分の1、LPガスの半分以下です。

石油の製品タンクとなると、製品劣化等の事情でここまで大きいものはなく、原油が如何に備蓄に適したエネルギーかがわかります。

しかし製油所で製品にしないと利用できないことを忘れてはいけません。

第 3 章

世界のエネルギー価格を抑制した米国発のシェールガス

米国の天然ガス生産が激増

天然ガス価格は一時、最高値の8分の1まで下落

Point

◉2015年、米国生産天然ガスの51％がシェールガス
◉原油価格高騰を背景に、シェールオイルの増産も始まった

米国で起こったシェールガス革命

米国では、シェールガスという非在来型の天然ガスの産出でエネルギー革命が起きました。オバマ大統領就任時は、グリーンニューディール等環境にやさしいエネルギーでアメリカを再生するとアピールしていましたが、現実は太陽光発電パネルを作っていた会社は中国産等の安値におされて廃業し、結局は、化石燃料、すなわちこのシェールガスやシェールオイルで米国の景気が回復したと言っていいでしょう。本章ではシェールガスの世界的な影響を解説したいと思います。

シェールガス産出量とその割合

米国でのシェールガス産出量は、米ＥＩＡの発表によれば２０１５年で４３８０億㎥に達し、米国で産出される天然ガス総量９３０９億㎥の約51％にまで上昇しました（第２章49ページ参照）。

その生産量は年々拡大しており、２００７年の５６３億㎥が２０１０年には１６４６億㎥となり、２０２０年には5千億㎥を超えるという予想もあります。このように米国の天然ガス供給は激増し、その反動で天然ガスやＬＮＧの輸入量は大幅に減少したのです。

words **【頁岩（けつがん）】**堆積岩の一種。細かい粒子の泥が水中で水平に堆積し、長い年月をかけて、脱水・固結してできた岩石の中で、堆積面に沿って薄く層状になっていて割れやすい性質のものを言う。日本語の「頁」は本のページを意味する。この振動等で割れやすい性質が、採掘には利点となっている。

シェールガスのイメージ図

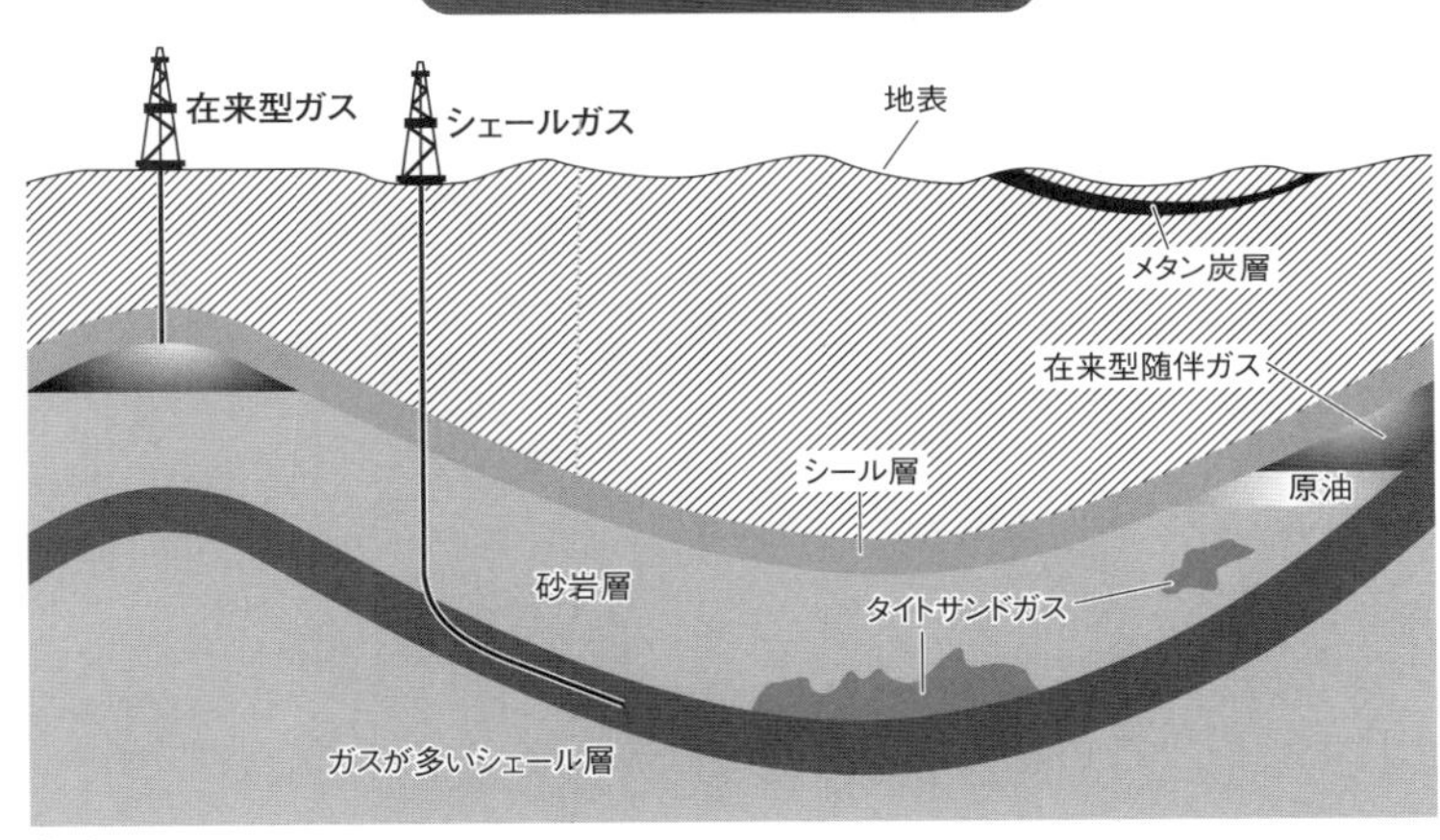

出所：EIA

シェールガス革命の成功要因

従来の天然ガスは、上図のように砂岩とガスを通さないシール層にたまっていましたが、シェールガスは、より深く、ガスを多く含んだ**頁岩（けつがん）**の中に含まれているガス分を取り出しています。

その存在は従来から知られていましたが、①深く掘ってから水平方向に掘り進む掘削技術と、②高い水圧で頁岩にひびを入れ、そこからガスを回収する「水圧破壊法」という技術の確立で、実現したと言えるでしょう。

もちろん、それまでの高い原油価格と高いＬＮＧ価格で商業ベースに乗るようになったこと、産地と消費地が近いこと、また米国ならではの、地下資源の権利が土地所有者にあること、そして多くのベンチャー企業がその技術を競い合い、その結果、米国全体としての成功につながったのだと思います。

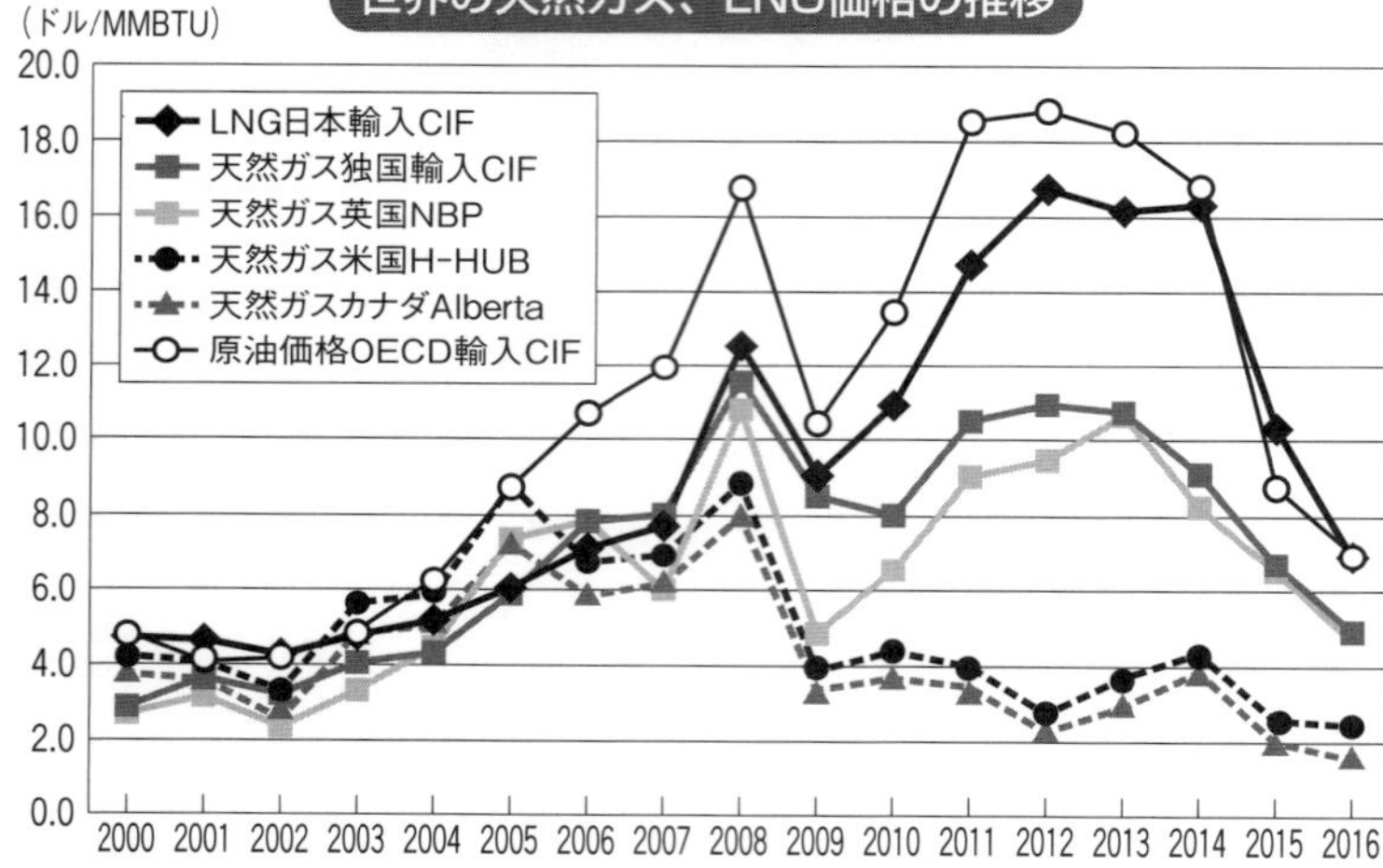

出所：BP統計2017

天然ガス価格が大幅に下がった

ではシェールガスの大量産出で、米国の天然ガス価格はどうなったのでしょうか。

上のグラフは世界の各天然ガス価格です。同時期のＯＥＣＤ諸国の原油ＣＩＦ価格と比較すると、原油価格は２００８年のリーマンショック以降急激に下がり、２０１１～２０１３年頃までにもち直すも２０１４年から再び下落しています。

しかし米国の天然ガスヘンリーハブ価格は２００８年以降値下がりし16ドル／ＭＭＢＴＵから昨今２～４ドルで推移しています。

このグラフに日本のＬＮＧ輸入価格も加えてみると、米国天然ガスとは動きが異なるのがわかります。ＬＮＧは、液化コスト、輸送コスト、再気化コストを考慮する必要があり、気体の天然ガスとは、全く別のエネルギーと考えるべきです。

words 【シェールオイル】頁岩層などの岩盤層から採取される非在来型の原油を言う。浸透率が低いタイトな頁岩層や砂岩層から生産されるので、タイトオイルと呼ばれることもある。性状としては中・軽質油。2009年頃からシェールガス開発でガス価格は下がったが、原油価格が高値であったことから投資が活発化し増産が進んだ。

米国の原油生産量等の推移

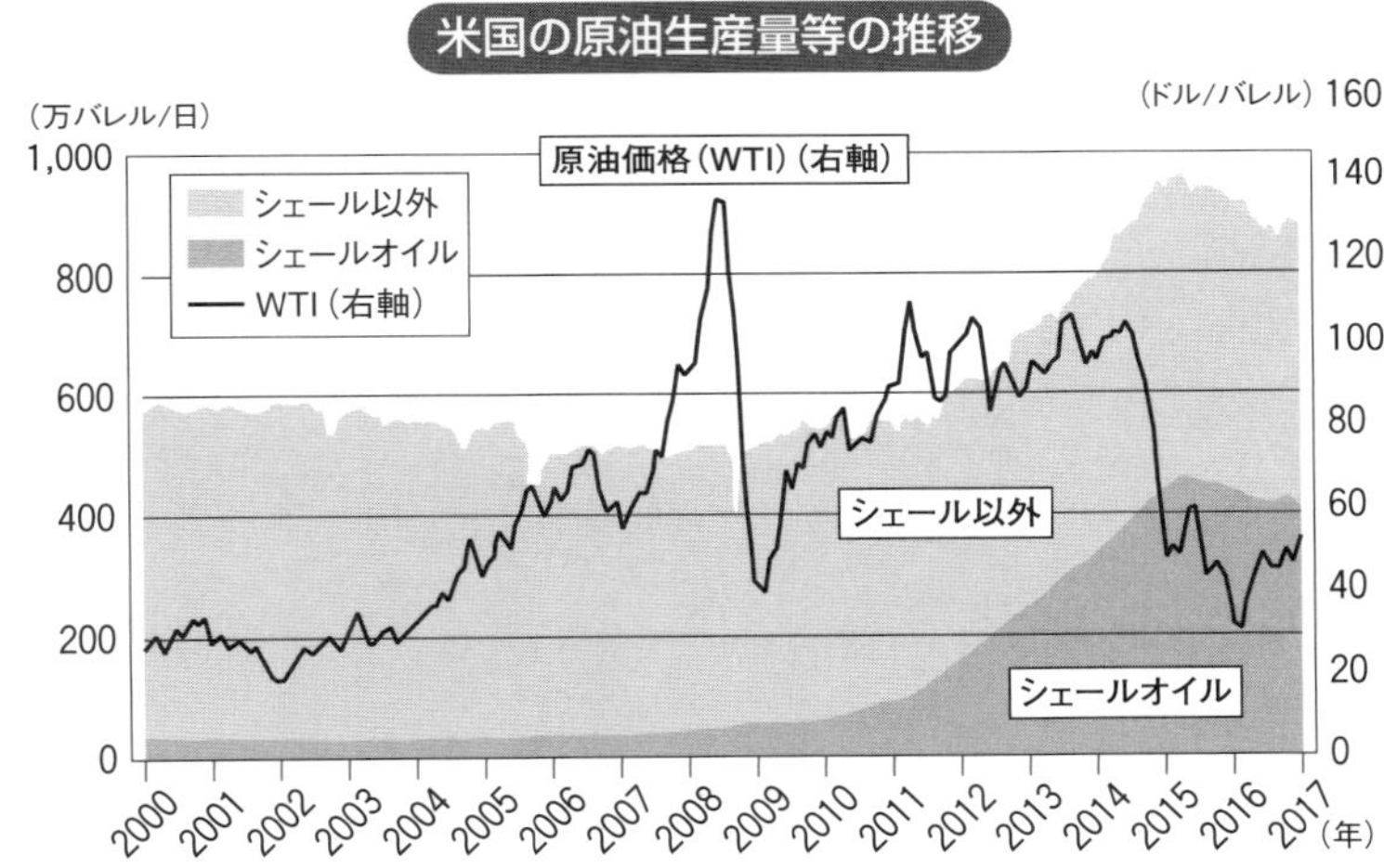

出所：EIAの統計データを基に資源エネルギー庁作成

シェールオイルも増産へ

シェールガス革命で米国の天然ガス価格は、大幅に下がりました。従って米国の代表的な原油であるＷＴＩ価格との熱量換算では、ＷＴＩ原油価格の方が高くなりました。

その結果、シェールガスで培った技術が**シェールオイル**の開発にも生かされ、シェールオイルの増産も始まりました。

ＥＩＡの発表では、シェールオイルは、２０１１年に初めて１００万ＢＤを、２０１３年は２００万ＢＤ、２０１４年は３００万ＢＤ、２０１５年は４００万ＢＤをそれぞれ突破し、２０１６年にはやや下落するも２０１７年には５００万ＢＤに達したようです。

米国の２０１６年の原油生産量は、約９００万ＢＤですが、シェールオイルの品質は軽質油かつ低硫黄と良質なので、原油価格が高くなれば、１０００万ＢＤもあるでしょう。

※BD＝バレル／日

米国がエネルギー輸出国となり、日本に直接・間接の恩恵も

Point

◉中東から米国に輸出されていた天然ガスは欧州へ。だぶついたロシアの視線は日本に向かう
◉米国からの直接輸入も解禁

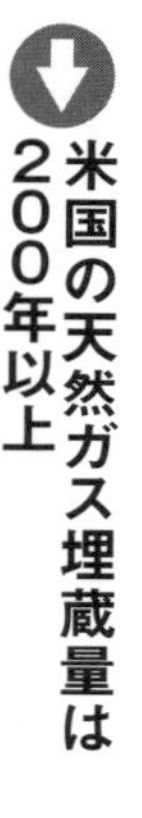

米国の天然ガス埋蔵量は200年以上

米国での在来型の天然ガスとシェールガスを合わせた埋蔵量は200年以上あるといわれています。同時にシェールオイルの開発も進み、近い将来、ロシアやサウジアラビアもしのぐ世界最大のエネルギー輸出国になるとの予想もあります。まさに米国にエネルギー革命が起きたのです。

ではそれまで米国に輸出されていた中東産の天然ガスは、どこへ向かったのでしょう。

それはスポット市場を通して、地理的にも近い欧州に向かいました。欧州の電力会社やガス会社がロシアからの長期契約を順次スポット市場からの購入に切り替え、結果、欧州の主要消費国は、ロシアからの天然ガス輸入価格の引き下げに成功したのです。

さらに、中国やウクライナ等がシェールガス開発に成功すれば、ロシアは将来、重要な輸出先がなくなることになります。

欧州という売り先を失ったロシアが次に目を向けたのが中国と日本ですが、中国に過度の依存をしたくないロシアにとって、本命はやはり日本でしょう。

ロシアは、石油や天然ガス等の天然資源に恵まれています。日本にとっても近い国の一

つで、古くは、サハリンⅠ、サハリンⅡの日ソ共同プロジェクトもありました。

しかし日本にメリットが出てくると、環境問題等何かと理由をつけては、実質値上げをして出資比率の低下を迫ったので、日本企業としては、長期的な対ロシアビジネスは、難しいというのが正直な印象となりました。

しかし昨今、ロシアは極東部の天然ガスパイプラインや原油パイプラインを着々と整備してきました。すでにロシアからのアプローチは始まっているのです。

「頼りきらないけれども、中東や注目の米国より安ければ買う」。日本にとって、このような精神的余裕をもった交渉ができるなら、古くて新しいロシアから、原油やLNG、そして究極は気体の天然ガスをパイプラインで輸入する巨大構想も、選択肢の一つとして検討する価値はあるでしょう。

ロシアのガスプロム社は、2012年秋、日本の伊藤忠商事との間にロシア極東で液化天然ガスの巨大工場の建設契約を締結したり、サハリンから海底ケーブルを引いて、北海道へ電力販売することも模索したりしています。

中東、米国、オーストラリア、そしてロシアも加えた4極体制となれば、日本にとっては仕入れの多角化となり中東依存度も減少し、価格の低下も期待され、脱原発により増大する天然ガス需要対策の選択肢が増えることになります。

ただしパイプラインは、政治的リスクがあるという事実も忘れてはいけません。単に「ロシアVS欧州」の対立構図が、「ロシアVS日本」になるだけと警告する業界人もいます。

また気体状のガスの備蓄は、巨大なガスホルダーを建設する必要があるので、敷地の確保と建設コストの問題もあり、パイプラインでの輸入を本当にするなら契約等は慎重を期したほうがいいかもしれません。

words 【CP価格】CPはContract Priceの略。LPガス生産量が多いサウジアラビアの国営石油会社サウジアラムコ社が、サウジや産ガス国のスポット入札価格等を総合判断して決めた価格を言う。入札価格は非公開なので、事実上通告価格と言える。以前はアラビアンライトの原油価格比90%だったが、現在は乱高下が激しい。

米国からの輸入も始まる

こんなに米国の天然ガス価格が下がっても、日本はアメリカからLNGを輸入することはできませんでした。

エネルギー安全保障の観点から、その輸出先を自由貿易協定加盟国（FTA）のみに限定していたからです。

しかし2013年5月、米エネルギー省は天然ガスの対日輸出の解禁を発表しました。

その第1弾が2017年1月に日本に到着しました。買主は、中部電力の上越火力発電所です。

その他、東京電力の富津火力発電所、関西電力の境LNG基地に、各契約とも7万トンが搬入されました。

今後米国だけでも2017～19年に5プロジェクト、年間LNG生産能力で合計約5400万トンが立ち上がってくるので、輸出に力を入れるトランプ大統領の後押しもあり、米国産LNGの割合は増えるでしょう。

さらに米国産のLNG契約のすばらしいところは、それまでのLNGプロジェクトには当たり前のようについていた仕向け地規制、すなわち転売禁止条項がついていないことです。

もし自社の需要が減少した場合などは、他社に転売することも可能なのです。

また米国以外でも、豪州で4プロジェクト、ロシア、インドネシア、マレーシアのプロジェクトが合計約5000万トン／年が立ち上がるので、需給は買い手市場になるでしょう。

ただ価格も安くなるかというと簡単にはいきません。2017年1月に輸入された米国LNG価格は日本着のCIF価格で約75ドル／トン。同月の平均価格の45ドルより高かったのは、長期プロジェクトの難しさを示しています。

LPガス価格の安定化にも寄与

米国でのシェールガス・シェールオイルの大増産は、世界のLPガス価格の低減にも多いに寄与しました。LPガスは原油精製時産出型と、原油採掘時の随伴型、天然ガス随伴型が一般的でしたが、これにシェールオイルとシェールガス随伴型が加わったのです。

日本のLPガスの輸入先の推移

（単位：千トン）

年度	2013	2014	2015	2016	シェア
カタール	3,217	3,113	2,368	1,656	15.7%
UAE	3,015	2,532	2,097	1,813	17.2%
サウジ	1,558	1,354	1,046	1,099	10.4%
クェート	1,306	1,394	1,215	1,240	11.8%
豪州	1,098	836	748	564	5.4%
米国	0	0	2,817	3,872	36.7%
その他	1,801	2,444	622	298	2.8%
合計	11,995	11,673	10,913	10,542	100.0%

近年カタールが対外輸出を大幅に伸ばしたので、世界のLPガス価格は下がることが期待されていたのですが、サウジの内需が増加したので、LPガスの国際価格を下げるまでには至らず、相変わらず乱高下していました。

これはLPガス価格が公正な市場価格によって決まっているのではなく、サウジが事実上、一方的に通告してくる**CP価格**で決まっていることにも問題がありました。

その根本的対策は、輸入先の多角化しかありませんが、その役を果たしたのが、米国産のLPガスでした。天然ガスとは違い、直接的な天然資源ではなかったので米政府の輸出許可を必要としなかったのです。

上表は日本の電力用を除くLPガスの輸入先です。2014年までゼロだった米国産が輸出基地の完成とともに突然増加し、2015年には、カタール、UAEやサウジを抜いて、日本の輸入先のトップになったのです。

LPガスの中東依存度は原油より高かったので、その分散化と価格安定化にシェールガスは大いに寄与しました。

ただしサウジも米国産の価格を注視し、それに対抗可能なCP価格にしたので、昨今の原油価格の下落も伴い、日本の輸入価格は2017年現在、若干のCP安となっています。

シェールガスの問題点

大深度地下からの採掘に伴う環境破壊、地震の急増が心配

すでにシェールガス開発が禁止の国もある

シェールガスには、いくつか問題点もあり、その一つ目は地下の環境破壊です。

シェールガスは、地下1千m等、非常に深い場所に存在しますが、水と化学物質で頁岩地層を破壊するので、その化学物質が井戸等の飲料水に混入したり、井戸水から天然ガスが出てきたりして、危険かつ環境が破壊されるのではないかという懸念です。

二つ目は、地震です。米地質調査所（USGS）の調査では、米中部で起きるマグニチュード3以上の地震が、10年前に比べ何と6倍以上に急増したそうです。

もともと地震があまり起きない地域なので、シェールガスの採掘で地下に大量に注入された水により、断層の摩擦が減少し、ずれが起こりやすくなって発生した「人為的な地震」ではないかといわれています。

アメリカのオハイオ州やテキサス州などでは、**フラッキング**時の振動や、地下に投入された化学物質を含む排液が、近年大幅に増加している弱い地震の引き金になっている可能性が指摘されています。

実はフランスやブルガリアではすでにシェールガス開発が禁止されています。

Point

◉水と化学物質で地層を破壊する掘削方法なので、化学物質の井戸水等への混入が懸念される

◉米中部では、マグニチュード3以上の地震が10年前の6倍に

words 【フラッキング】地下の頁岩層を効率的に破壊してシェールガスを回収する方法で、水圧破砕法（ハイドロフラクチャリング）とも呼ばれる。水と化学物質を混入し高圧で振動させ頁岩にひびを入れてガス分を回収する。水と混入する化学物質が地下水等を汚染したり、地震を誘発するという問題も指摘されている。

英国、南アフリカ、カナダのケベック州、スペイン北部、そして本家米国でさえも、いくつかの州でこの採掘法は一時的ながら禁じられているのです。

三つ目は、本当に長期的なビジネスになるかという経済的な問題です。

在来型の天然ガスや原油採掘と比較して、井戸1本当たりの採掘費用が高い割には、井戸の寿命が短いといわれています。

頁岩に微少に含まれているシェールガスの特徴なので、仕方がないと言えばそれまでですが、井戸の寿命が短いことは、それだけ採算ベースが上がることとなのです。

5ドル／MMBTU以下の相場では、倒産する開発業者もあるという話なので、昨今は、先物で売ってからでないと開発資金を融資してもらえないという話も聞きます。

やはりシェールガス価格が、ある程度の価格にあるからこそ成り立つビジネスのようです。写真は米国での一般的なシェールガス開発例。個々の井戸は写真の通り、それほど大きくはありません。

米国から日本への輸送は？

喜望峰経由だと45日もかかるガス輸送。パナマ運河の拡張が救世主に？

Point
◉日本への輸送は中東からなら18日。米国東部発喜望峰経由では45日、コストも倍以上
◉従来LNG船の通れなかったパナマ運河だが、拡張工事が完了

シェールガス由来のLNGやシェールオイル随伴ガスとしてのLPガスの日本への輸入を考える時、最終的に物流上のネックとなるのは、やはり海運問題でしょう。

なぜならシェールガスの開発地域はアメリカ東部が多いので、どうしても日本への距離、すなわち航海日数が長くなり、コストとしてのしかかってくるのです。

例えば中東地域から日本までの日数は、約18日（1トン当たりのコストは約30ドル）。それに対し、米国東海岸出荷基地からの日数は、パナマ運河経由なら22日（同約55ドル）なのですが、運河を通れない大型船はアフリカ南端の喜望峰経由となるので、倍以上の最大45日（同約70ドル）もかかってしまうのです。

ではパナマ運河を通行可能な船の大きさはどの程度なのでしょうか。表をご覧下さい。

従来の通称パナマックス（パナマ運河を通れる最大の大きさ）では、通常のLNG船はおろか、LPガスタンカーも通れません。

しかし既存ルートと並行した増強工事が2016年6月ついに完成しました。そのパナマックスの最大船幅は49mなので、通常のLPガス船、LNG船は問題なく通れますので、船運賃の低下に大いに寄与するでしょう。

新旧パナマックスと大型船のサイズ

	従来の Panamax	New Panamax	LPG船 VLGC	LNG船		原油船 VLCC
				従来型	Q-Max	
全長	294.13m	**366m**	230m	297.5m	345m	333m
全幅	32.31m	**49m**	36.6m	45.5m	53.8m	60m
喫水	12.04m	**15.2m**	11.15m	11.5m	12.04m	22m
積載量	原油換算8万t		4.5万t	6万t	11万t	30万t

その通行料は2018年1月現在、4万5千トンのVLGCで約48万ドル、1トン当たり約11ドル、その他費用も含め往復で約13・5ドルです。ただ皮肉なことに、新パナマ運河を航行する船舶の中ではVLGC船は小さく、大型のコンテナ船が優先され、結果として、スタート時の価格より2〜3割高くなってしまいました。

アストモス社のLycaste Peace号が商用の初船となった
写真提供：アストモスエネルギー

中国のシェールガスは本物か

膨大な潜在的埋蔵量と増産を見込むが、水資源の確保などにネック

シェールガスを最有力代替エネルギーと位置づけ

アメリカで成功したシェールガス開発は世界に広がっていますが、今注目したいのは、中国です。

中国政府は2011年シェールガスを第172番目の鉱物資源と位置づけ、その開発に補助金を出し、その開発技術の研究とその蓄積を後押ししました。

そして2017年8月、国土資源部の発表では、中国の非在来型天然ガスの開発に重大な進展があり、シェールガス、コールベッドメタンなどの調査・開発が、産業化・実用化生産段階に入った。シェールガス開発は、四川盆地などで重大な進展を実現し、シェールガス確認済み埋蔵量は7643億㎥、また2016年のシェールガス生産量は76・3%増の79億㎥とし、米国とカナダに次ぐ世界第3位の生産量になった。

この成功には、中国の地質条件に適したシェールガス開発に必要な3500mの横井戸を掘削する技術や段階別水圧破砕法などを確立したことを挙げるとともに、その年間生産量を2020年までに300億㎥、2030年までに800億から1000億㎥まで引き上げる計画も発表しました。

Point

- シェールガスを将来の最有望代替エネルギーとみなし、2020年までに年間300億㎥の産出が目標
- 重慶では年間生産量50億㎥に

中国におけるガスパイプライン整備状況

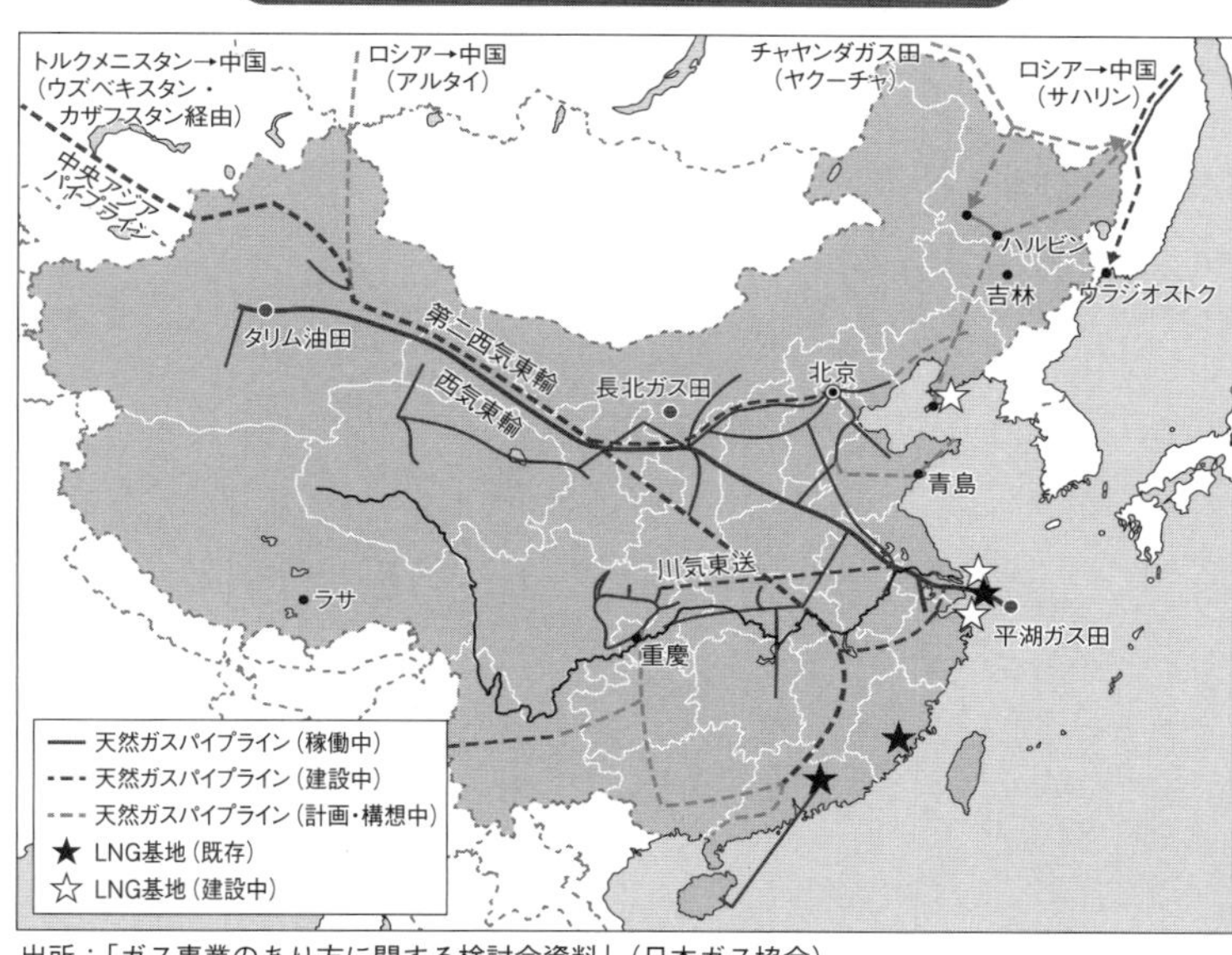

出所：「ガス事業のあり方に関する検討会資料」（日本ガス協会）

重慶のシェールガスは50億㎥／年

２０１２年6月、中国の三大国有石油企業の一つ、中国石油化工集団（通称シノペック）は、中国四川省の東隣にある重慶で、シェールガス井の採掘を開始したと発表しました。

アジア最長の川、長江を臨むこの重慶は、シェールガス開発に必要な水があり、また天然ガスのパイプライン・ネットワークが既に存在しており、中国のシェールガス採掘に最適な場所だと言えるでしょう。

その重慶の２０１６年の生産量は50億㎥に達したようです。

中国では、今環境問題が深刻化しています。石炭による発電が7割以上もある中で、このシェールガス開発の成功と生産数量の増大は、劣悪な石炭の生炊きの減少につながるので、環境対策としても大変良い話です。

中国のシェールガス開発の問題点

中国でのシェールガス開発にはいろいろ問題がありますが、以下5つを挙げてみました。

第1の問題は、最適な開発地が遠隔地なことです。生産地と消費地が近かった米国での成功事例とは、大変な違いなのです。

第2は水資源の問題です。シェールガスの採掘には大量の水が必要なのですが、中国で一人あたりが利用できる水の量は、世界銀行の統計によれば、世界平均の4分の1だそうです。従って、中国で安価な水を大量に確保するのは本当に大変なのです。

第3は、採掘技術です。当局の発表によれば、2011年の資源指定からわずか5年で米国が30年かけた開発に追いつき、中国の地質にあった技術を確立したとのことです。

第4には、環境へのリスクです。有害な化学物質を水圧で破壊する時には使っているので、将来の環境問題を引き起こさないか。一党独裁国家だけに心配をしております。

第5は地震のリスクです。2008年の四川大地震は死者7万人です。また2013年や2017年にも大地震が発生しています。

シェールガスの開発は、地中深く穴を掘り、高圧で水や砂と化学物質を投入し、地下層にひびを入れるので、活断層等に有害な化学物質を含んだ水が投入され、摩擦係数が大幅に低下して地震が発生しやすくなる危険性があると言われています。

最後の問題は、カントリーリスクです。日本の尖閣問題は世界的には二国間問題としても、中国の赤い舌と言われる南沙諸島の九段線問題は、国家として常識を疑います。

数年前に話題となった地方政府の不動産投資焦げ付き問題等は、どう処理されたのか。

以上私見ですが、シェールガスの開発で外国資本が参入できる環境とは思えません。

第4章

環境にやさしいガスエネルギー

大気汚染の歴史

高度成長とともに公害が激化。規制や企業努力で今や環境先進国に

Point

- 大戦後の復興が石炭燃焼による大気汚染を引き起こした
- 自動車排出ガスも問題になったが、多方面から規制強化が進む

18世紀から19世紀にかけてイギリスで産業革命が起きました。それまではせいぜい人馬や薪だった動力や火力エネルギーから、石炭による蒸気機関の発明で、まさにエネルギー革命が起きたのです。

それは石炭の爆発的な消費を生み、ロンドンでは早くも大気汚染が発生したとの記述がみられます。そう、あのロンドンの霧の一部は大気汚染だったのです。

日本も明治維新で近代化が始まりました。当時日本の産業を牽引した紡績業や銅精錬業、製鉄業の規模は年々拡大しました。

大正時代には石炭火力発電所の建設が始まり、東京等の大都市においては、紡績業ほか、各種の町工場が増え、大気汚染も深刻化していきました。

しかし本当の意味で大気汚染が世の中に広まり認識されたのは、民意が政治に反映されるようになった第二次世界大戦後でしょう。

戦後の工業復興は目覚ましく、その主要エネルギーの石炭は、燃焼させた後にすす等の「ばいじん」や硫黄酸化物を発生させ、それらは大気汚染を引き起こしました。

その後、好景気を迎えます。エネルギー消費量は1955〜1965年の10年間で約3倍（1955年5130万石油換算トンが1

words 【光化学スモッグ】工場や自動車の排気ガス等に含まれる窒素酸化物や炭化水素（揮発性有機化合物）が、日光の紫外線により光化学反応で発生した人体に有害な煙霧状物質のこと。夏の日差しが強く風の弱い日に発生しやすい。1970年代をピークに減少したが、昨今中国の大気汚染物質の流入で再び注目されている。

965年は1億4580万石油換算トン）になり、エネルギー源の主役も石炭から石油に替わりました（1955年は石炭49・2％、石油19・2％が、1965年は石炭27・3％、石油58・0％）。

時代背景としては、重化学工業が育成され、各地の臨海地帯に大規模なコンビナートが誕生していました。川崎等戦前からの工業地帯では、大規模な発電所や石油精製工場等が新たに立地したことにより、大気汚染は一層悪化することとなりました。

大気汚染が最も著しかった1955～1965年は、悪条件の日の視程は30～50mにまで落ち、自動車は日中でもライトをつけなければ運転できない状態で、硫黄酸化物による鼻を刺すような臭いが立ちこめた地域もありました。

それでも日本の成長は続き、高度経済成長を迎え、エネルギー大量消費の時代に入ります。1965～1974年の10年間に2倍強、1955年頃からみれば実に7倍の増加ですが、それはまさに公害激化の時代でもあり、**光化学（こうかがく）スモッグ**などが認知されたのもこの時期です。

その結果、各地で「公害は絶対に許さない」という国民世論が急激に高まり、公害対策に関する法律や対策が総合的に進められることとなりました。

そしてそれを決定的に後押ししたのが1973年および1979年の2度にわたる石油危機（オイルショック）でした。

石油価格の大幅な引き上げは、全エネルギーの4分の3を輸入石油に依存していた我が国に大きな影響をもたらし、戦後初のマイナス（マイナス1・2％）成長となりました。

その対策として各企業は、会社を挙げて本気で省エネ・省コストに取り組み、結果として環境対策も進むこととなったのです。

都市型大気汚染

高度な公害防止技術の導入、省資源・省エネルギーの努力とあいまって、この時期に入ると集中立地型の産業公害は沈静化し、１９８５年の二酸化硫黄（SO_2）濃度の年平均値は、０・０１ｐｐｍと環境基準の２分の１のレベルまで下がりました。

この結果、１９８７年に「公害健康被害補償法」が改正され、翌88年には、大気汚染の影響により慢性気管支炎などが多発しているとして指定された地域はすべて解除されました。

その半面、この時期に顕在化してきたのが、都市・生活型の大気汚染です。それは、工場や事業所のほか、大量の自動車等の移動発生源から発生したものであり、その汚染物質は窒素酸化物でした。自動車関連の排ガス規制については次ページにまとめています。

地球規模での環境対策

１９９０年代に入って、環境問題は地球規模での対策が迫られるようになりました。オゾン層の破壊、酸性雨等地球温暖化対策です。

これら人類共通の問題については、先進国と開発振興国が協力して一体となった取組みを行う必要がありました。

この地球温暖化については、１９９７年、気候変動に関する国際連合枠組条約第３回締約国会議（地球温暖化防止京都会議）が開催されました。以降、我が国はこの時合意した**京都議定書**に基づく削減目標を達成するため、高い代償を払うことになります。

２０１０（平成22）年には高い削減目標を掲げそれを達成するための施策体系を明示した「地球温暖化対策基本法案」が閣議決定され、国会へ提出されました。

words 【京都議定書】正式には、気候変動に関する国際連合枠組条約の京都議定書という。1997年12月に京都で開かれた第３回気候変動枠組条約締約国会議（COP3）で採択された。1990年を基準年とし日本には６％減が課せられたが、すでに省エネ対策が進んだ日本には６％減は厳しいものとなった。７％減の米国は離脱。

自動車排出ガス総合対策等の推進

自動車排出ガス規制は、１９６６年から運輸省（現国土交通省）による行政指導が始まり、１９６８年から「大気汚染防止法」に基づく法的規制が行われ、１９７１年には大気汚染防止法の自動車排出ガスとして、一酸化炭素のほか、炭化水素、窒素酸化物、鉛化合物及び粒子状物質が追加されました。

そして本格的な規制は、日本版マスキー法と呼ばれた１９７８年度規制からです。

その後の排ガス規制は、段階的に厳しくなっていきますが、２０００年代に入ってからも、大都市圏における自動車排出ガスによる大気汚染は依然として改善の傾向が見えず、主要な発生源であるディーゼル自動車からの排出ガス対策を随時強化していきました。

まず２０００（平成12）年11月の中央環境審議会第四次答申では、第三次答申で２００７（平成19）年を目処とされたいわゆる新長期規制を2年前倒しし、２００５（平成17）年までに新車の排出ガス規制値を強化するとともに、燃料である軽油に含まれる硫黄分の許容限度の目標値を２００４（平成16）年度末までに５００ｐｐｍから50ｐｐｍに低減することが示されました。

２００１（平成13）年には、自動車NO_x法が改正され自動車NO_x・ＰＭ法としてスタートし、２００７（平成19）年にさらに改正強化されました。

また２００５（平成17）年には、それまで規制の対象になっていなかったフォークリフト等にも「特定特殊自動車排出ガスの規制等に関する法律」（いわゆるオフロード法）が制定されました。２００９（平成21）年には、健康への影響が懸念されていたディーゼル排気微粒子の対策として、ＰＭ２・５（微小粒子状物質）の環境基準が設定されました。

石油業界による排ガス対策

世界に先駆けてサルファーフリー実現。PM、SPMは99%削減も

Point

◉ガソリンや軽油中の硫黄が、排ガス浄化の際の触媒の効果を弱め、SO_xやNO_xを増加させる
◉サルファーフリーにより、街中の「黒い排ガス」は消えた

東京に青空を取り戻した低硫黄化

2005年1月、日本の石油連盟加盟の石油精製・元売各社は、世界に先駆け、硫黄分を10ppm以下に下げたサルファーフリーのガソリンと軽油の販売を、法律に定められた時期を大幅に前倒しして開始しました。

燃料に硫黄が多く混入されていると、車両の排ガス浄化用に搭載される〝触媒〟の効果を弱めるため、排ガスの中に硫黄酸化物（SO_x）や窒素酸化物（NO_x）が増加し、不完全燃焼で燃え残った「すす」が、浮遊粒子状物質（SPM）となり、人体に影響を及ぼすといわれています。この硫黄分を10ppm以下まで低減させたものを、事実上すべて取り除いたのと同等の効果という意味で「サルファーフリー」と呼んでいます。

また東京都の規制でトラックなどに装着が義務付けられるようになったDPF（ディーゼルパティキュレートフィルター）は、軽油のサルファーフリーによりその性能や耐久性がより向上し、東京都の空気汚染は大幅に改善されたのです。

ここまでの硫黄低減の過程を紹介します。

第1段階　ディーゼル車からのNO_x排出量を減らすために必要なEGR（排ガス再循

words 【PM（Particulate Matter）】大気中に浮遊している固体または液体の「微細な粒子状物質」のこと。PMのうち粒径10μm以下のものをSPM、さらに2.5μm以下のものをPM2.5と言う。昨今、石炭の生炊きや急速に増える自動車の排ガスで大気汚染が深刻な中国からの飛来により、日本でも注目されるようになった。

環）装置への対応のため、1992年10月から、それまでの5000ppm以下を2000ppm以下まで低減。

第2段階　粒子状物質（PM）の排出量を減らすための排ガス後処理装置（酸化触媒やトラップオキシダイザー）への対応のため、1997年7月から、500ppm以下まで低減。

第3段階　2005年の新長期規制に向けたディーゼル車の排ガス対策として、DPFなどの後処理装置の導入が必要とされ、ガソリン同様に2004年末までに軽油の硫黄分を500ppm以下から50ppm以下とする規制を決定。

硫黄削減の経緯は以上の通りですが、30年前の公害時代まで遡らなくても、バブル期でさえ5000ppmもあったのかとぞっとする思いです。

東京都の石原都知事がビンに黒い「すす」を入れて振っていたことで大変印象的な粒子状物質（PM、SPM）は99%、窒素酸化物（NOx）は55%以上、このサルファーフリーによって削減されたといわれています。

これらは、連続再生型DPFの実質能力および耐久性の向上、NOx吸蔵還元型触媒やNOx・PM同時低減型触媒の普及との相乗的な効果であり、誠にうれしい話です。

また、エンジンの燃費も良くなり、ディーゼルエンジンに限っても2010年時点で軽油の年間消費量が80万トンも削減されたといわれています。

しかし、このような難しい話を持ち出すまでもなく、最近街中で荷物を積載したトラックが加速している時も「黒い排ガス」を見なくなりました。

ちなみに中国人の観光客が東京に来て驚くことの一つは、大都市にもかかわらず青い空と空気が綺麗なことだそうです。

LNGの二酸化炭素排出量は原油を1としたとき0・72にとどまる

Point

◉ガソリン1ℓが燃焼して出る二酸化炭素は2・32kg
◉LPガスや都市ガスは、大気汚染に関しては優等生

都市ガスやLPガスは、気体エネルギーなので、クリーンというイメージがあります。燃焼時に石炭のように燃え残って「すす」が出るということもありませんし、ガス体エネルギーには硫黄も皆無に等しいので、燃焼後に硫黄酸化物が出ることもありません。

でも燃焼時にどのくらいの炭酸ガスが出ているのか。そして石炭や原油、そして石油製品と比べて、熱量当たりの炭酸ガス排出量はどのくらいなのか。意外に知られていないので、本項目でしっかり押さえておきます。

まずは皆様にクイズです。灯油は比重が約0・8(水より軽い)なので、1ℓの重量は約800gですが、これが燃焼した時、何gの炭酸ガスが出ると思いますか。灯油は液体で重い。燃焼すると気体になるので、何となく軽いというイメージがあると思います。

一般の方に聞くと半分以下の重さ、すなわち最大でも500gという答えが多いのですが、正解は何と2490g。そう、液体の灯油の約3倍の重さの炭酸ガスが出るのです。

なぜそうなるかの詳細は、拙著『よくわかる石油業界』に化学式で解説しています。

左表は各化石エネルギーの炭酸ガス排出量です。

見出し単位1列目の「t-C/GJ」は、

words **【LCI（ライフサイクルイベントリ）分析】** 製品やサービス等を対象とする環境評価手法でLCA（ライフサイクルアセスメント）の中の四段階あるうちの分析手法。各種製品の製造に必要な原材料の採取から、製品が使用し廃棄され自然に戻るまでの、ライフサイクルのすべてにおいて投入された資源やエネルギー量を分析する。

そのエネルギーを1GJ（ギガジュール）燃焼させた時に、何トンの炭素（C）が出るか。同様に2列目の「t-CO_2/GJ」は、1GJ当たりで何トンの炭酸ガスが出るか。

3列目はガソリン等を1kℓ燃やした時、何トンの炭酸ガスが出るかを意味します。液体のガソリン1kℓは約800kgですが、CO_2の発生は2・32トンですから、液体の重さの3倍の炭酸ガスが排出されているのです。

4列目は、原油を1とした時の炭酸ガス排出量の割合、一番右列は、各エネルギーの単位数量当たりの燃焼時の熱量です。

また炭酸ガス以外にも、石炭は第9章で説明するガス化でもしない限り、燃え残ったものが「すす」やさらに細かい粒子状物質（PM2・5）として出ます。

ガソリンと軽油はサルファーフリー（10ppm以下）なのでSO_x、硫黄酸化物等は出ませんが、原油や一般のA重油やC重油は、まだ硫黄等が3％（ローサル重油は1％）含まれています。

またガス体エネルギーは、**LCI（ライフサイクルイベントリ）分析**でも、例えば、キッチンのガスコンロとIHクッキングヒーターとの比較において、約半分の炭酸ガス排出量となっています。

各燃料の燃焼に伴う二酸化炭素排出原単位

	t-C/GJ	t-CO_2/GJ	t-CO_2 /単位量	指数	発熱量（GJ）/単位量
石炭（一般炭）	0.0247	0.0906	2.33(t)	1.32	25.7(t)
原油	0.0187	0.0686	2.62(kl)	1.00	38.2(kl)
ガソリン	0.0183	0.0671	2.32(kl)	0.98	34.6(kl)
灯油	0.0185	0.0678	2.49(kl)	0.99	36.7(kl)
A重油	0.0189	0.0693	2.71(kl)	1.01	39.1(kl)
LPガス	0.0161	0.0590	3.00(t)	0.86	50.8(t)
LNG	0.0135	0.0495	2.70(t)	0.72	54.6(t)
都市ガス	0.0136	0.0499	2.23 (1000Nm^3)	0.73	44.8 (1000Nm^3)

出所：環境省「特定排出者の事業活動に伴う温室効果ガスの排出量の算定に関する省令」

高効率給湯器エコジョーズの威力

燃焼した熱を最大限有効に使い、総合効率95%を達成

昨今、都市ガス、ＬＰガス業界を通じて最も売れている商品は、やはりエコジョーズという高効率給湯器だと思います。

環境に良いのはもちろんですが、ズバリ省エネで、ガスの消費量が従来と比べ格段に少なくなるのです。ある意味ガス販売業者泣かせで、近年ＬＰガスの需要減退はこのエコジョーズのお陰ではないかと思うくらいです。

従来器から改善された点は、燃焼した熱を最大限有効利用していることです。

例えば従来器の排気ガス温度は約２００℃で下手をすると火傷をする高温でしたが、エコジョーズの排気温度は約80℃ですから温風のレベルで、総合効率は何と95%です。

従来の給湯器は10号から大型のもので32号等ですが、このエコジョーズは２０１７年現在16～50号がラインナップされています。

ここで給湯器の能力を確認しておきます。まず号数とは「水温プラス25℃」のお湯を1分間に何ℓ出せるかを示しています。

24号ならば、水温＋25℃のお湯を1分間に24ℓ出せるという意味です。したがって42℃で出湯する場合、水温の低い冬場は減少します。入水温が7℃の場合は、給湯器出口の出湯量は、24号で毎分約17ℓとなります。

しかしこの能力は冬場でも、容量１７０ℓ

Point

◉都市ガス、ＬＰガス業界通じ最も売れているのがエコジョーズ
◉今後は電気によるヒートポンプとのハイブリッド型にも期待

のお風呂を、約10分で満杯にできるのです。

エコジョーズは従来同様、お風呂の追い炊きや床暖房の熱源機としても使えます。

さて筆者が今注目しているのは、ガス業界のエコジョーズと電力業界のヒートポンプ型給湯器（エコキュート）を組み合わせたような、ガス＋電気のいいとこ取りのハイブリッド型ヒートポンプ給湯器です。

筆者宅に設置したリンナイのエコワン。右上切り込みは、左の給湯タンク上部に組み込まれているエコジョーズを左側側面から撮影したもの。右下はヒートポンプ部

電気のエコキュートは、湯切れ防止のために４００ℓ等大容量の貯湯を必要とし、これを80℃等の高温で維持していますが、例えば２０１３年の経済産業大臣賞を受賞したリンナイのエコワンは、貯湯量を１００ℓまたは50ℓと半分以下にし、その貯湯温度も実用レベルの45℃。湯切れの時は、高効率のエコジョーズでバックアップすることで使い切りを原則とし、学習機能もついているので、一次エネルギー効率は驚異の１２５％を達成しました。これが表彰理由のようです。

実は、筆者の自宅も新築から14年使用した給湯器をエコワンに換えることにしました。

過去の電気、ガス等の使用量データは把握していますので、使用環境はそのままに、エコワン設置後の電気代＋ガス代が、どのくらい安くなるか実証試験をしました。結果は、ずばり半分です。詳細は筆者の会社のＨＰで報告していますので是非ご覧下さい。

家庭用燃料電池エネファーム

家庭でガスから発電するエネファーム。熱も利用するので究極の省エネ

Point

◉水素と酸素を反応させ電気を作る燃料電池。従来発電機の約2倍の発電効率

◉必要スペースも畳半分程度と当初より大幅にコンパクトに

家庭用の究極のエコ商品

都市ガス業界、LPガス業界のみならず、日本のエネルギー業界において一般家庭用エネルギーの省エネは、最大のテーマです。

特に原発の全面再稼働は難しく、夜間電力も火力発電となった今、オール電化政策よりは、ガスでできることはガスにおいて行った方が良いと思います。それは、震災対策等エネルギーセキュリティー上も必要なことでしょう。そしてこの家庭用の究極のエコ商品は、やはり家庭用燃料電池のエネファームと言っても過言ではないでしょう。

燃料電池の原理

燃料電池は、水の電気分解と逆の原理により、水素と酸素を反応させ、電気と水を作り出しています。水素と酸素の化学反応から直接電気を得るので、従来のエンジンやボイラー発電機等、熱を運動エネルギーに変えるシステムの発電効率が20～30％なのに比較し、最新のエネファームは40数％という発電効率です。また、化学反応の際、発生する40数％の熱エネルギーを、家庭用の暖房等に利用するので、その総合効率は80％以上になる素晴らしいシステムなのです。

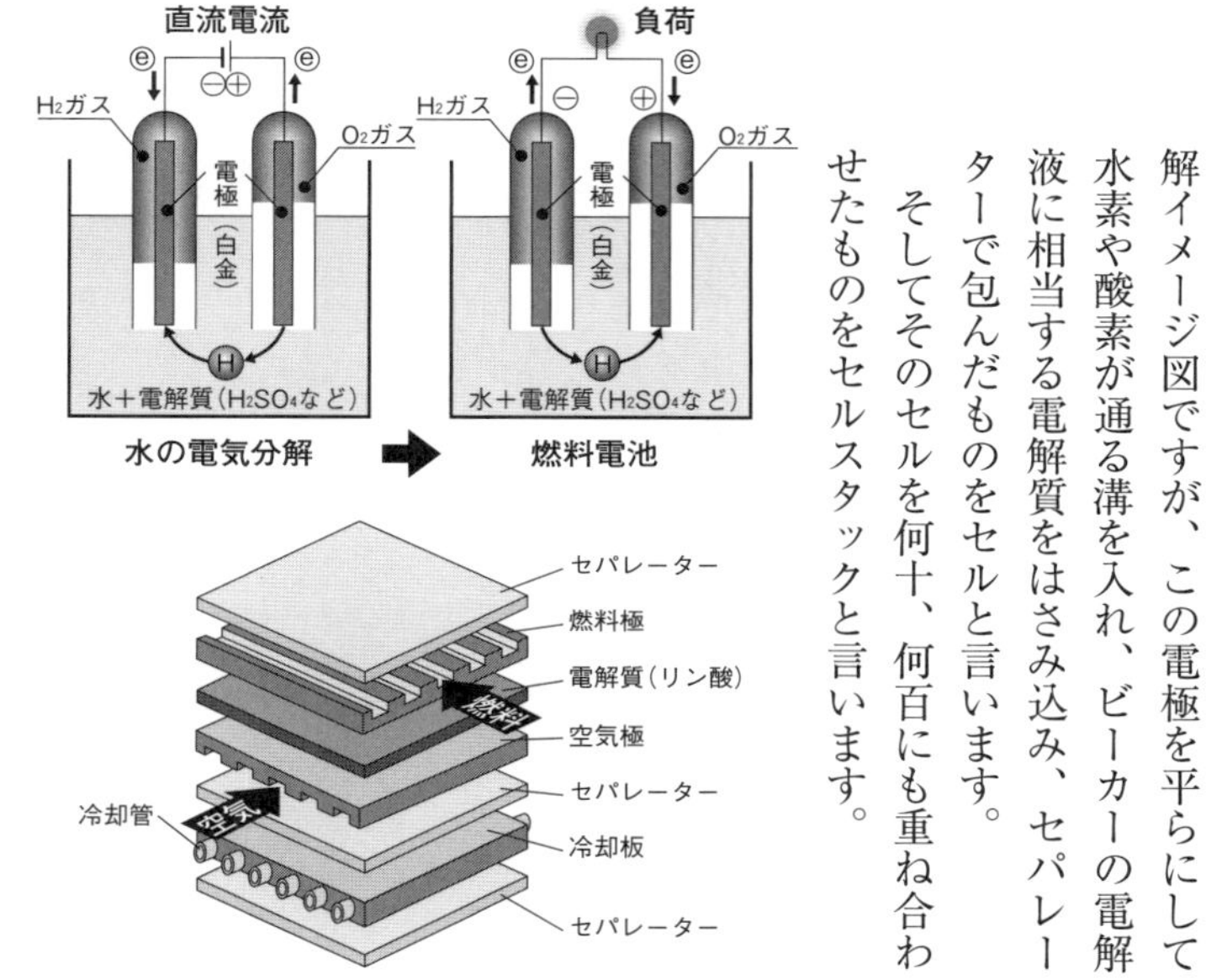

左上図は懐かしい理科の実験の水の電気分解イメージ図ですが、この電極を平らにして水素や酸素が通る溝を入れ、ビーカーの電解液に相当する電解質をはさみ込み、セパレーターで包んだものをセルと言います。

そしてそのセルを何十、何百にも重ね合わせたものをセルスタックと言います。

燃料電池の歴史

その歴史は意外に古く、１８３９年、イギリスのグローブ卿が水素と酸素の反応中に電流が生じることを発見し、燃料電池の実験をしてグローブ電池を発明しました。

20世紀に入ってから、本格的に燃料電池の実用化に向けた研究が進み始めますが、排気がクリーンで副生成物としての水は飲用にも使えるなどの利点を生かし、宇宙船の電源として採用されることになったのです。

１９６５年、米国有人宇宙船のジェミニ５号に搭載されたゼネラル・エレクトリック社の高分子型燃料電池が、実用化第一号です。

その存在が広く知られるようになったのは、後に映画化された「アポロ13号」の事故です。

宇宙船に３台搭載された燃料電池のうち、酸素タンクの爆発で２系統が使用不能となったことが事故の原因とされています。

垣見油化で行った実証実験

　実は筆者の燃料電池との出会いは、20数年前にさかのぼります。当時の日本石油ガスの担当が技術系の方で、燃料電池の研究会に参加されていた話をお聞きし、技術系の筆者としても胸を躍らせておりました。

　そんな訳で、ＬＰガス業界の特約店経営者の中では最も詳しい一人だと自負しており、２００１年の業界紙１面全部を使ってその実現への夢を解説させていただいたほどです。

　そしてその日本石油ガスが新日本石油と合併し、２００５年に世界で初めて実証実験機を製作しましたが、筆者が燃料電池に思い入れがあったこともあり、東京都のＬＰガス地域で第一号の実証実験を、弊社瑞穂ＬＰガス供給センターにてお引き受けしました。

　その成果は、２００５年2月9日、東京ビッグサイトで行われた新日本石油と特約店有志でつくる燃料電池研究会ＦＣフォーラムにおいて、報告講演をさせていただきました。

　当時の発表資料は、垣見油化のＨＰで今でもご覧いただけます。

http://www.kakimi.jp/pdf/2k503.pdf

　また当時は、燃料電池の実証機を見学できる場所も少なかったので、瑞穂ＬＰガス供給センターの会議室を開放し、見学研修会を何度も開催させていただきました。

　当時のＬＰガス定置式燃料電池の仕様は以下の通りです。

・固体高分子型ＰＥＦＣ
・燃料ＬＰガス
・発電出力７５０Ｗ
・発電効率34％
・排熱回収効率42％

実証実験スタート時に（左が筆者）

words 【総合効率】発電のみでは40〜45%にとどまるエネルギー効率だが、エネファームは、設置家庭において、発電の際に発生する熱も利用することにより、発電効率＋熱効率＝総合効率を上げている。大規模発電でも熱は発生するが、隣地等に安定した熱の消費先がない限り、発電時の熱を効率的に利用することは難しい。

従来方式とエネファームのエネルギー効率

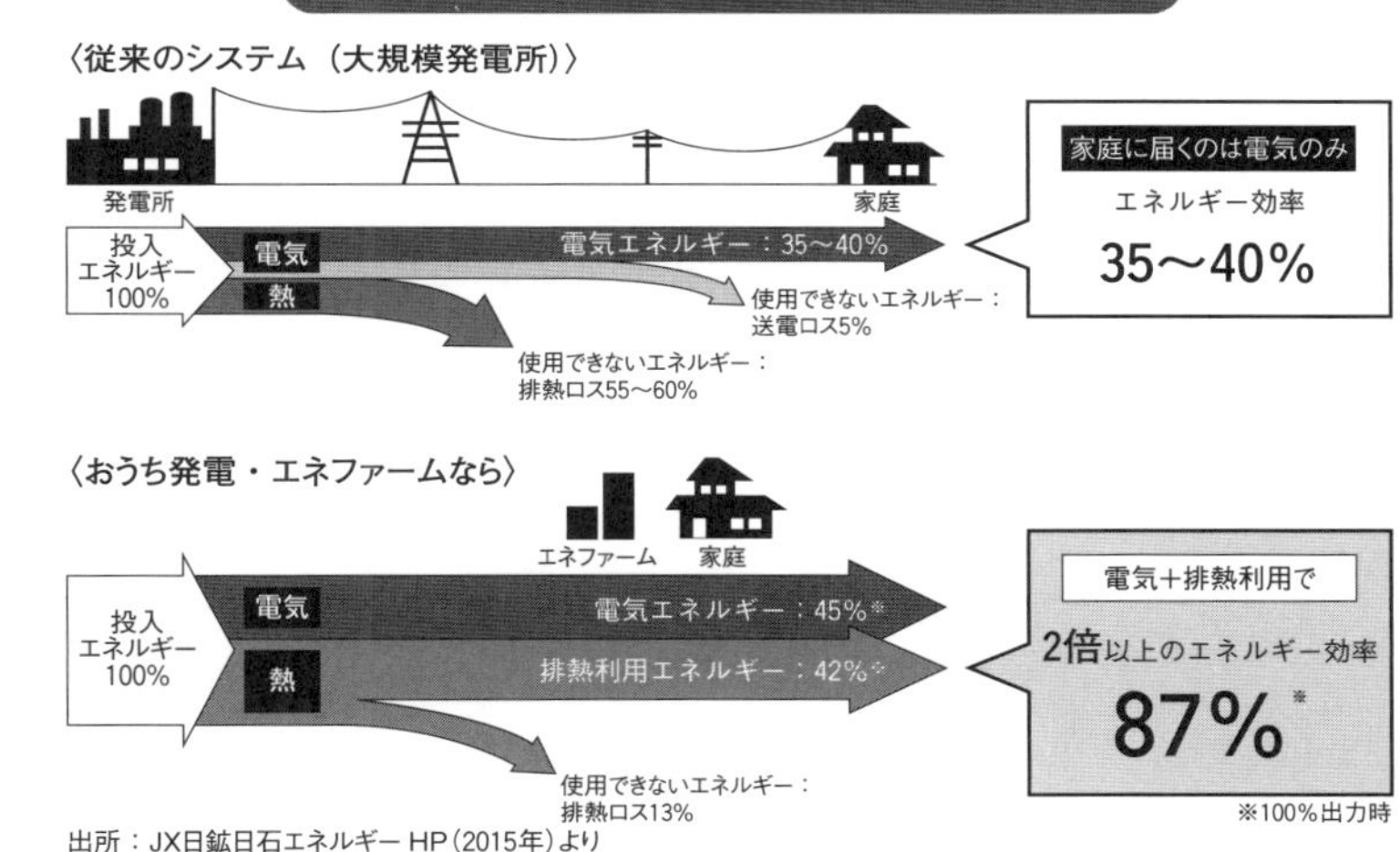

出所：JX日鉱日石エネルギー HP（2015年）より

高効率なエネファーム

エネファームの特徴は何と言ってもそのエネルギー効率です。

一般の発電所では、発電効率が40〜45%であったとしても、送電ロスが5%あり、また発電所における熱も事実上有効利用されていないので排熱ロスとなり、結果35〜40%しか使われていないといわれています。

一方、エネファームは都市ガスで考えた場合、LNGから天然ガスへの気化エネルギーやパイプライン圧送等のロスが仮に0%だとすれば、家庭に届いた100%からの変換効率は、最大で発電45%、発熱42%を利用できるので、その合計は最大87%となり、とにかく**総合効率**が良いのです。

また静穏性にも優れ、スペースも畳半分程度と当初よりは大幅にコンパクトになりました。

各メーカーのエネファームへの取組み

PEFC形はパナソニック、SOFC形はアイシン＋京セラ

◉パナソニック製は東京ガスが採用。大幅値下げで普及拡大狙う
◉SOFC形は高温のため排熱利用が容易だが、立ち上げ時間が長いので24時間運転が原則

PEFC（固体高分子）形はパナソニック製

現在PEFC形を製造しているのは、大手では、パナソニックです（東芝は撤退）。

パナソニックが２０１７年現在発売中のPEFC機は、発電出力０・７ｋＷ（出力範囲：０・２～０・７ｋＷ）、発電効率39％・熱回収56％、総合効率95％（ＬＨＶ）で、オプションながら停電時発電機能つきです。

東京ガスでは、２０１７年4月より販売価格を１５０万円（税別・工事費別、停電時発電継続機能なし）に値下げし、本格的な普及拡大を狙っています。

２０１６年12月末の累計販売は７・４万台、東ガスを含むパナ社全体では9万6千台です。

東芝も古くから燃料電池に取り組んでいました。筆者が感動したのは、１９９０年代のリン酸型燃料電池のＰＣ25Ｃです。出力は２００ｋＷ、総合効率は当時で80％。納入場所は病院ですから信頼性が高かったのです。

しかし東芝は、一連の会計問題で家庭用燃料電池からの撤退を発表したので、残念です。

ＰＥＦＣ機の末端価格の目標は１００万円以下でしょう。そして最終的には補助金も含め50万円程度に下がれば、既存の給湯器に十分対抗できると思います。

アイシン＋京セラ＋ノーリツのSOFC（固体酸化物）形

世界で初めて一般家庭用の量産モデルのPEFC形を製造発売したのは、JXTGエネルギーで、新日本石油時代の話です。

しかしPEFC機は2012年に、その後開発と製造に取り組んだSOFC機は、2015年3月に取扱いを終了。これからエネファームの普及拡大期だったので残念です。

さてSOFC機はPEFC機より優れているといわれていますが、最大の違いは、PEFC機に比べ発電効率が高いことです。作動温度も700～1000℃と高く、排熱利用で総合効率の向上も期待されています。

逆に欠点は、高温時の製品安定性とその耐久性、そして高温動作の宿命ですが、立ち上げ時間の問題です。PEFC機の約50分に対して、SOFC機は約2時間を要します。

大阪ガスが2016年4月より販売を開始したSOFC機はトヨタの子会社であるアイシン精機、京セラ、ノーリツの3社が製作しました。発電効率は52％（LHV）、排熱回収を含めた総合効率は87％（LHV）です。

希望小売価格はまだ高く179万円（本体は143万円）。その高効率を生かすには24時間の連続運転が望ましいと思います。

このSOFC機の仕様は以下の通りです（出所：大阪ガス、アイシン精機HPより）。出力700W（50～700W）、貯湯タンク28ℓ。本体形状＝高さ1195㎜、幅780㎜、奥行330㎜、質量100kg。なお、大阪ガスでは余剰電力の買取りも行っています。

エネファームの現状と課題

設置と運用のコスト、設置地域の限定、停電時に発電できない問題への対応

Point

◉本体価格と設置費用の回収は難しい。目標は工事費込みで100万円以下か
◉新型機の設置可能地域は大幅に拡大

イニシャルコストの高さ

エネファームについては、ここまで長所を述べてきましたが、本項目では、現在の本当の実力と今後の課題について、お叱りを覚悟で説明させていただきます。

まず本格的な普及に向けての最初の課題は、その高いイニシャルコストです。

技術の進歩とローコスト化で、東京ガス等の販売価格が順次安くなっていることは、高く評価します。しかし現在の本体価格と設置工事費も含めた総額の回収は、補助金を含めて考えても、まだ難しいのが現状です。

ランニングコストもまだ高い

効率は確かに高いエネファームですが、そのランニングコストもまだ高いのです。

各都市ガス会社もＬＰガス事業者もエネファームユーザーには特別な料金表を作っています。それでも一般標準家庭で、導入前の電気代とガス代の合計から仮に月に5千円安くなるとしても、1年で6万円。10年でも60万円で、同能力の給湯器の価格が設置費込みで40万円としても、差額の回収はできません。

設置後ランニングコストがほとんどかからず20年もつ太陽光発電との違いです。

words 【系統連携と逆潮流】エネファームは直流の電気を発電する。交流への変換は容易だが、電力会社からの交流電源にその周波数の変化のタイミングを合わせることが重要で、これを系統連携と言う。また家庭での太陽光やエネファームの発電の方が使用量より多くなると、余った電力が系統に流れ出るが、これを逆潮流という。

設置可能地域を拡大させるパナ社新型機

あまり知られていないのですが、現在のエネファームはその設置可能地域が実は限られていました。例えば海岸からの潮風の影響を受ける1km以内や火山・温泉地帯の設置不可は理解できますが、標高500m超は不可。

極寒冷地も不可。北海道の都市ガス向けの寒冷地仕様はあったのですが、本州の東北、長野、新潟の多くは設置不可だったのです。

次章で説明する燃料電池自動車は、走る場所はガソリン車と同等なので誠に残念です。

しかしこの問題を改善した新型機がパナソニック社から2018年2月に発売されます。

具体的には、周囲の環境温度が最低-10度から-15度に、標高も500mから700mに改善されたので、本州のLPガス供給地域のお客様には喜んでいただけるでしょう（設計寿命12年他、主なスペックは変更なし）。

停電時も発電継続可能に

以前よくお叱りをいただいたのは、燃料電池という名前なのに停電時に使えないことでした。技術的な理由は、高い作動温度が必要なことですが、運転中に停電したことが条件でもよいので、停電時再起動運転を基本性能に加えてほしいと長年要請してきました。

これもメーカー各社のご努力の結果、追加オプションか標準装備かは別として、順次投入されてきました。上記のパナソニック社の新型機は、発電能力の700Wが、停電時は500Wに制限されてしまいますが、それでも標準装備は大変嬉しい安心機能です。

都市ガスは大震災時にガスの供給が途絶する可能性がありますが、LPガスは「災害に強い」のが最大の特徴ですし、平均で約半月分のLPガスの在庫が軒先にあるので、この利点は、是非活用してほしいと思います。

エネファームの普及台数

一般財団法人コージェネレーション・エネルギー高度利用センターの発表によれば、エネファームの販売台数（メーカー出荷台数）は、２００９年度の４９９７台という発売開始以来、２０１６年度は年間４万７０７０台、そして２０１７年12月末の累計は24万８千台に達しました（国の目標は２０２０年累計１４０万台、２０３０年５３０万台）。

出所：コージェネ財団

　ＬＰガス向けの販売割合が少ないのはやや残念ですが、前述のパナソニック社の新型機の販売開始もあるので２０１８年度はさらなる伸びが期待されます。

筆者のイメージする究極の姿

私は２００１年業界紙の１面で語った夢がありますが、その究極の姿をお話しします。

次章で説明するように燃料電池自動車が２０２０年から本格普及すれば、２０３０年からは、車に搭載されていた中古の１００ｋＷクラスの燃料電池が格安で流通し始めます。その頃には水素社会も本格化し、各家庭に水素の直接供給が始まるでしょう。各家庭の消費量を考えれば、水素配管という大げさなものでなく、５Ｃ２Ｖというテレビアンテナのケーブルの太さで十分なのです。

そうなれば家庭用燃料電池も改質機が必要なくなり、価格も大幅に下がるはずです。

この夢がかなえば、分散発電体制が確立し、余剰分を売却すれば、原発に頼らず、石油やＬＮＧの輸入も大幅に減り、国富の流出も減少し、環境に優しい日本が完成するのです。

太陽光発電との組み合わせW発電問題

ご存じの通り２０１２年度より太陽光発電等に固定料金買取り制度が創設されました。

その買取り価格は左上表の通り、機器設置コストの低減とともに、年々低減されましたが、その価格が当初は魅力的であったことから、２０１７年３月末時点で原発35基分にあたる３５３９万ｋＷが設置されました。筆者の会社も損金一括算入税制を利用し２０１３年６月に17ｋＷ、２０１４年９月に26ｋＷを設置しました。

一方10ｋＷ未満の家庭用では、余剰電力のみの買取りで、その年数も10年間です。

筆者は、この10ｋＷ以上と未満との買取り条件の違いを合理的に説明してほしいと思います。「一般家庭には補助が出ているから」と言うなら、補助金はいらないから、20年等、10ｋＷ以上と同条件で契約できる選択肢があってもよいのではないかと思います。

また納得がいかなかったのは、太陽光とエネファームを組み合わせると、買取り価格が下がってしまうことでした。エネファームは、深夜も発電できる安定電源であり、ＳＯＦＣなら24時間運転は、より効率的なのです。

しかしランニングコストがない太陽光と違い、エネファームは雨の日や夜間も発電できる代わりに、原燃料コストがかかります。

従って総合的判断として少なくとも太陽光と同じ買取り価格にすべきだと主張してきましたが、２０１９年度から同額となりました。

太陽光発電買取り価格の推移

	10kW以上	10kW未満			
太陽光＋エネファーム →				ダブル発電	
出力抑制対応機器 →		有	無	有	無
2019年度	入札制 18～21円＋税	26	24	26	24
2018年度		28	26	27	25
2017年度	21円＋税	30	28	27	25
2016年度	24円＋税	33	31	27	25
2015年度7月～	27円＋税	35	33	29	27
4～6月	29円＋税				
2014年度	32円＋税	37円		30円	
2013年度	36円＋税	38円		31円	
2012年度	40円＋税	42円		34円	
買い取り期間	20年	10年		10年	

出所：資源エネルギー庁。単位：円/kWh

column

ガスエネルギーと税金

第４章では、ガスエネルギーは環境に良いという話をしてきましたが、その優等生なはずのガスエネルギーにも、しっかり税金がかけられているという話をします。

平成23年度まで石油等の化石燃料に課せられていた税金は石油石炭税です。税額は、原油・石油製品2040円/kℓ、ガス状炭化水素1080円/トン、石炭700円/トンです。これが平成24年10月より値上げされました。

業界人でも「環境税」とか「地球温暖化税」と思っている人が多いのですが、正式には、租税特別措置法による「地球温暖化対策のための石油石炭税の税率の特例」です。

最初に話題になったのはガソリン等の価格が平成24年10月から上がるのかとマスコミが報道してくれた時ですが、１ℓ当たりにすれば25銭なので、結局、価格競争の中で埋没し、結果的には販売業界の負担となったのだと思います。同様にLPガスも自由価格ですので、やはり埋没です。そこへ行くと都市ガス等は、少し遅れてではありますが、総括原価の中に入っているので、今はしっかり転嫁されているようです。

この税の不思議さは温暖化対策と言っておきながら、何に使うか、決まっていないことです。

このほか、自動車用のLPガスに9800円/kℓ、石油ガス税が課税されています。ガソリン税同様の道路目的税でしたが、天然ガスには課税されていないのは不公平です。

そして以上の税には、消費税が上乗せされ、TAXオンTAXになっています。業界としてはこのTAXオンTAXの解消を長年要求していますが、実現には至っておりません。

課税物件	本則税率（石油石炭税法）	地球温暖化対策のための税率の特例（租税特別措置法）		
		平成24年10月1日～	平成26年4月1日～	平成28年4月1日～
原油・石油製品（1kℓ当たり）	2,040円	2,290円（+250円）	2,540円（+500円）	2,800円（+760円）
ガス状炭化水素（1t当たり）	1,080円	1,340円（+260円）	1,600円（+520円）	1,860円（+780円）
石炭（1t当たり）	700円	920円（+220円）	1,140円（+440円）	1,370円（+670円）

※カッコ書きは本則税率と特例税率との差額

第5章

自動車向けガスエネルギー

——天然ガススタンド・LPオートスタンドの実情と水素スタンドの可能性

世界で約2234万台、日本は4万6千台。車種不足とインフラ不足

天然ガス自動車の長所と特徴

日本国内には、約4万6千台（前年比2％増）の天然ガス自動車（Natural Gas Vehicle略称NGV）が走っています。液化されたLNGではなく、気体のまま高圧20MPa（約200気圧）で燃料容器に充填しているので、圧縮天然ガス車とか、CNG（Compressed Natural Gas）車と呼ばれることもあります。

実は走行距離の向上のためLNG車も実験されましたが、今は一台もないとのことです。

天然ガス自動車の普及を目指す都市ガス業界は、その特徴を次のように説明しています。

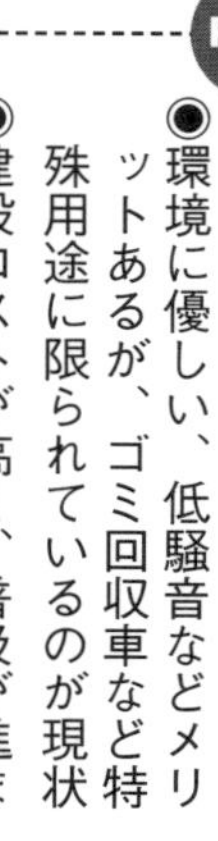

◉環境に優しい、低騒音などメリットあるが、ゴミ回収車など特殊用途に限られているのが現状

◉建設コストが高く、普及が進まなかった天然ガススタンド

①黒煙がゼロ。硫黄分や不純物が含まれない粒子状物質（PM）の排出もゼロ

②NO$_x$や有害な炭化水素の排出量が少ない

③CO$_2$排出量もガソリン車より少ない

④燃料の天然ガスには長期安定性がある
石油は中東依存度が高いが、天然ガスは世界各国から輸入できるので調達は安定。埋蔵量も100年以上ある。

⑤低騒音と低振動
エンジンの騒音や振動は、ディーゼル車の約半分。

⑥価格はガソリンの6割、軽油の8割と安い

天然ガス自動車車種別登録台数等の推移

	車種／年度	2007	2008	2009	2010	2011	2012	2013	2014	2015	2016
車種内訳	乗用車	1,468	1,495	1,507	1,510	1,536	1,548	1,564	1,579	1,591	1,599（台）
	小型貨物（バン）	4,416	4,693	4,972	5,210	5,347	5,483	5,667	5,784	5,928	6,079（台）
	軽自動車	7,284	8,030	8,461	8,917	9,219	9,533	9,855	10,205	10,416	10,701（台）
	トラック	15,387	16,901	17,510	17,966	18,309	18,683	18,984	19,367	19,723	19,936（台）
	塵芥車	3,094	3,254	3,442	3,607	3,706	3,833	3,901	3,965	3,938	4,010（台）
	バス	1,402	1,455	1,489	1,506	1,542	1,560	1,570	1,575	1,577	1,579（台）
	フォークリフト等	1,152	1,289	1,480	1,713	1,804	1,950	2,060	2,201	2,291	2,412（台）
	合計	34,203	37,117	38,861	40,429	41,463	42,590	43,601	44,676	45,464	46,316（台）
所有者	ガス事業者	6,219	6,676	7,087	7,483	7,730	8,048	8,462	8,788	9,121	9,447
	国・自治体等	5,694	5,887	6,046	6,178	6,328	6,432	6,490	6,513	6,546	6,667
	一般企業	22,290	24,554	25,728	26,768	27,405	28,110	28,649	29,375	29,847	30,202
急速充填所数		327	344	342	333	321	314	300	290	282	270（カ所）

出所：日本ガス協会

▶LNGタンクローリー

◀天然ガス自動車

天然ガス自動車の導入状況

国内の天然ガス自動車は、1991年の49台から急増し全国で現在4万6316台。世界では約2234万台（2015年3月末）と、その経済性からかなり普及しています。

しかし2017年3月末現在、国内の軽自動車を含む総自動車台数が約7775万台のなか、CNG車はたった4万6千台。比率にして0・05％では、自動車統計資料にも記述されず、普及成功とは言えないでしょう。

その所有者構成や車種を見ても、地域限定の特殊用途に限られているのが現状です。

過去10年間の増加推移も上の表の通りなので、何もしなければ今後の普及拡大は期待できません。しかしシェールガス革命やメタンハイドレート等で天然ガス環境が一変する可能性もあるので、このままで終わってほしくないと思っているのも事実です。

天然ガススタンドとその導入状況

この天然ガス自動車に天然ガスを供給するインフラは、天然ガススタンドとかエコステーションと呼ばれています。その設備の規模は、大きく分けて次の三タイプがあります。

A　急速充填が可能な天然ガススタンド

総数は全国で270カ所（2017年3月末、日本ガス協会）。そのうち関東圏で107カ所です。本格普及を目指すなら、筆者としては一桁少ないと思います。

数が少ない理由は、土地代を除いても最低で6千万円、場合によっては約1億円と、その建設コストが高いことです。もちろん建設補助金等は出るのですが、それでも、運営者はガス事業関係者が多いのが現実です。また昇圧のための電気代等ランニングコストも高く、運営は赤字というケースも多いようです。

B　小型の自家用充填設備

1基で1～3台の天然ガス自動車に供給する事実上の自家用スタンドです。価格は約200万円とお手頃です。燃料である天然ガスが、都心部なら需要家の敷地まで導管で来ているからこそ可能な供給形態です。

家庭用のガス管から小型の圧縮機で圧力を上げ、そのまま自動車にガスを充填するので、蓄ガス器（圧縮したガスを一時的に蓄えるタンク）が不要なため、充填には時間がかかるものの安価なのが特徴です。

充填終了時に自動停止するので、無人運転も可能です。使用者は特別な資格なく使用することができ、役所への届出等も不要です。

全国で423カ所（2017年3月末）ありますが、あくまで自家用なので、一般に開放されているわけではありません。

また数台の車のガソリンとの価格差でその投資回収をするのも無理がありそうです。

words 【炭化水素（HC）】炭化水素とは、炭素と水素からなる多種類の揮発性ガスの総称で、エチレン、プロピレン、ベンゼン、トルエン等がある。浮遊粒子状物質の原因物質の一つでありNOxとともに光化学オキシダント生成の原因物質の一つ。塗装、印刷等の作業や石油精製、石油化学等の製造工程、自動車排気ガスの中にもある。

C　中型充填装置（パッケージ型）

AとBとの中間の規模のもので価格は4000万～5000万円くらいですが、全国にはまだ数十カ所しかありません。

A　急速充填可能なガススタンド

急速充填スタンドのしくみ

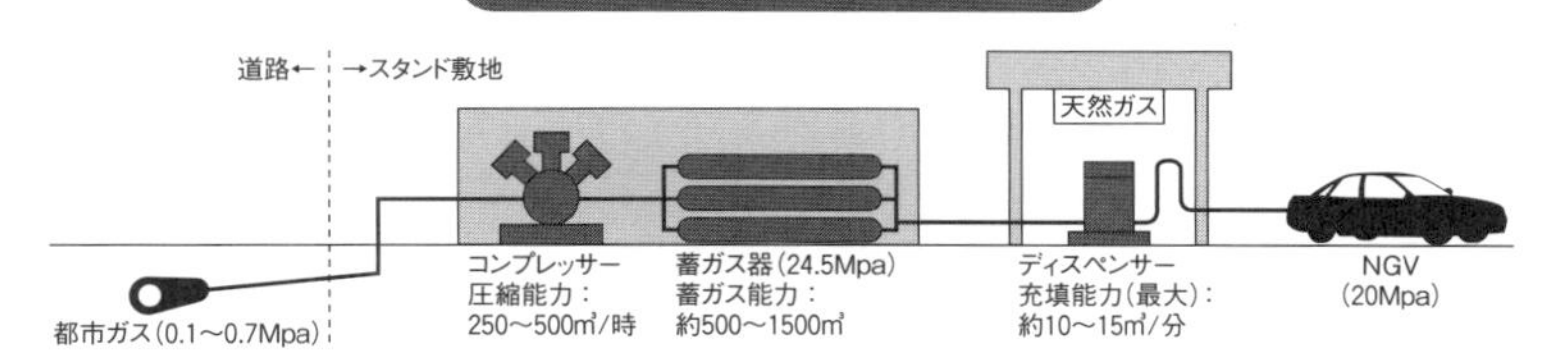

B　小型充填機

C　中型充填装置（パッケージ型）

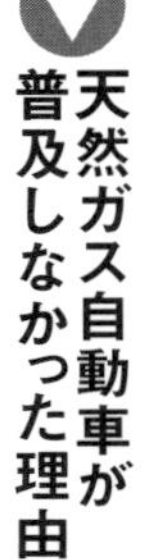

天然ガス自動車が普及しなかった理由

天然ガス自動車については、筆者が業界人の立場から見ても普及が成功したとは言えません。その理由を端的に挙げてみましょう。

A　自動車の車種の不足

自動車の普及において一番大切なのは、一般の消費者が、買いたい、乗ってみたい、走ってみたいと思う車があるかどうかです。

一般消費者にとって、例えばＬＰガス車は一部にＬＰガスとガソリンの両方を使える**バイフューエル仕様車**があります。天然ガス自動車も一応バイフューエル車があるそうですが、実は筆者も今まで知りませんでした。

自動車会社もビジネスなので、売れない車を揃えておけというのも酷な話です。従って、その普及は、どうしても企業等の業務用のニーズに限られたのだと思います。

B　今一歩の環境性能と用途限定

企業等が導入した最大の目的は、トラックでも黒煙を出さない等の環境特性でしょう。

しかし黒煙問題は、石原都知事時代の排ガス規制や石油業界が世界に先駆けて達成した軽油のサルファーフリー化により解消されたために、その必然性は薄れてしまいました。

環境をアピールするならハイブリッド車や電気自動車の方がイメージは良く、２０２０年以降は、ゼロエミッションカーである燃料電池自動車の方が注目されるでしょう。

また海外にはＬＮＧを車載タンクに積んで走るＬＮＧ車の成功事例もあります。

これが日本にも導入されれば、走行距離の不足問題は一気に解決しますが、ボイルオフレートに見合う毎日の走行距離があるのか、最後にはＬＮＧスタンドをどう作るかというインフラ問題が残ってしまいます。

words 【バイフューエル（Bi-Fuel）車】２種類の燃料を切り替えて使用できる単一エンジンを搭載した車。欧米で普及するLPガス車、CNG車の多くは、予備燃料としてガソリンを使用可能なバイフューエル車。ガソリン車からの改造が一般的。環境規制が厳しい国でも、この車は都市内での走行制限がないので普及したといわれる。

C　インフラの不足も決定的要因

卵が先か鶏が先かの議論ですが、これは自動車業界と石油やガス体エネルギー業界の間の話です。消費者から見れば、車を買いたいと思った時に、街中に供給スタンドがないのは、やはり決定的なマイナス要因です。

都市ガス導管エリア内なら、会社や自宅で充填できるのは魅力ですが、導入台数が数台では、その投資は回収できません。燃費の良いガソリンハイブリッド車から、無理して乗り換えるメリットは少ないでしょう。

D　都市ガスの導管エリアの問題

これは前述のインフラ問題にも関係しますが、自動車は、都市ガスの導管エリアのあるなしにかかわらず、道路があればどこまでも走ります。しかし現在、日本国内の都市ガスの導管での供給エリアは、供給面積では全国のわずか５・５％です。

E　国も本格的な後押しができなかった

国と都市ガス業界、そしてSS業界等で１９９３年、財団法人エコステーション推進協会を設立しました。しかしわずか３００カ所作って、国は「一応普及した」とのことで、協会は２００７年に解散してしまいました。関係者としては残念なことだったでしょう。

以上、天然ガス自動車が普及しなかった理由の結論として、インフラ不足と車種不足、そしてメリット不足の相互マイナススパイラルが原因だと思います。

反面、天然ガスの価格やランニングコストは、ガソリンと比較し高くありませんでした。

従って今後シェールガス革命やメタンハイドレートの開発が成功し、国内の天然ガスの環境が一変すれば、天然ガス車の普及のチャンスはもう一度来ますので、その時は是非成功させてほしいと思います。

LPガス自動車とLPガススタンド

コストの安さでタクシーの9割採用も、一般には普及せず

◉一般車と同名のタクシー仕様車が一般車の半額以下という安さ
◉業務用の掛売客中心で経営安定のLPガススタンドは、過去最大1900カ所まで普及した

LPガス自動車の長所

日本LPガス協会では、LPガス自動車の長所を以下の6つとしています。

①環境性能
CO_2発生が少なく黒煙等は全く出さない（ガソリン車比マイナス12％）。黒煙やPMは、**クリーンディーゼル車**の10分の1以下（CNG車と同等）。

②低振動、低騒音
ディーゼルエンジンとの比較で、天然ガス車とほぼ同じです。

③ガソリンや軽油に比べて安いコスト

④豊富な車種、ガソリン車と遜色ない価格
ただし現実的な車両価格はプラス30万〜50万円以上と高額。

⑤ガソリン車と遜色ない走行距離
2トントラックで、天然ガス自動車が約200㎞。LPガス自動車は約450㎞。ガソリン車、軽油車は約500㎞。

⑥全国に約1440カ所のLPガススタンド
タクシーの約85％がLPガス自動車なので、タクシーのある街には必ずLPガススタンドが存在します。LPガス自動車なら、どんな車両でも燃料補給が可能。補給時間もガソリンや軽油と変わりません。

words 【クリーンディーゼル車】ディーゼル車は、大昔、黒煙やすすを含んだ排気ガスを排出するイメージだったが、メーカー各社は、年々厳しくなった日本の排気ガス規制に対応。2009年規制をクリヤーしたNOxやPMをほとんど出さないクリーンな排ガスのディーゼルエンジン車をクリーンディーゼルエンジン車と呼んでいる。

LPガス自動車登録台数推移

単位：台

	タクシー	自家用車	貨物車	特殊・乗合車	合計
2005年3月末	241,168	21,639	20,670	10,228	293,705
2006年3月末	241,920	20,505	21,868	10,831	295,124
2007年3月末	240,826	18,956	23,007	11,170	293,959
2008年3月末	239,720	17,485	22,917	11,407	291,529
2009年3月末	236,495	16,516	22,608	11,861	287,480
2010年3月末	229,064	14,910	21,812	11,480	277,437
2011年3月末	211,443	13,705	20,764	11,338	257,250
2012年3月末	204,176	12,758	19,892	11,004	247,830
2013年3月末	198,252	11,787	18,975	10,651	239,647
2014年3月末	192,788	10,790	17,884	10,384	231,846
2015年3月末	187,413	10,007	16,436	10,062	223,918
2016年3月末	181,933	9,288	15,055	9,694	215,970
2017年3月末	176,138	8,875	13,732	9,112	207,857

出所：自動車検査登録情報協会

LPガス自動車の普及状況

LPガス自動車の歴史は以外に古く、1942年に4800台存在したという記録があります。その後1965年約5万台、75年25万台、85年31万台、95年に30万台になり、2017年3月末現在、約20万8千台です。

そのうち約18万台（85％）がタクシーという極めて特殊な状況です。またディーゼル代替としてトラックやバス等への普及も一定割合（約2万台）進んでいます。LPガス自動車は、液化したLPガスをタンクに積むので、航続距離は天然ガス自動車より長く、またLPガススタンドが全国に最大時1900カ所あったこと、そしてガソリンや軽油より税金が安い分、ランニングコストが低いこともあり、ある程度の普及に成功したのだと思います。ただし近年のタクシー台数の減少はプリウスの影響も多少はあるようです。

LPガススタンドの普及状況

ＬＰガススタンド（オートスタンドとも言う）が国内に初めて出来たのは昭和37年で、これも以外に古いのです。そしてオートスタンドの普及とタクシー業界におけるＬＰガス自動車の急速な普及が、まさに車の両輪のように始まりました。

オートスタンドは新設すれば土地代抜きで最低５０００万円と決して安くはありませんが、ピークで１９００カ所まで普及した理由は何だったのでしょうか。

それはやはり、オートスタンドの経営が長年安定していたことでしょう。

売り先はタクシーや業務用トラックがほとんどで、その多くが掛売客。そして需要も大きく伸びないという環境や高圧ガス保安法の規制の下で、新規参入業者が少なく、結果として過当競争を防げたのだと思います。

さらにタクシー以外の新規需要増や一般のガソリンスタンドで言う洗車やオイル・バッテリー等の油外収益は見込めないので、ＬＰガスそのものの付加価値にこだわりました。

また組合としての結束も固く、長年安定した業界利益を上げてきましたが、数量減のなか、これからの対応が大切です。

LPガススタンド（AS）数と需要の推移

	自動車数	AS数	車需要（千ｔ）	LP総需要（千ｔ）	比率	台/AS	kℓ/AS月
2009年3月末	287,480	1,917	1,488	17,332	8.6%	150.0	129.4
2010年3月末	277,437	1,893	1,223	16,420	7.4%	146.6	107.7
2011年3月末	257,250	1,612	1,188	16,488	7.2%	159.6	122.8
2012年3月末	247,830	1,576	1,122	16,811	6.7%	157.3	118.7
2013年3月末	239,647	1,572	1,019	16,937	6.0%	152.4	108.0
2014年3月末	231,846	1,569	966	15,505	6.2%	147.8	102.6
2015年3月末	223,918	1,513	897	15,394	5.8%	148.0	98.8
2016年3月末	215,970	1,459	821	14,733	5.6%	148.0	93.8
2017年3月末	207,857	1,440	779	14,414	5.4%	144.3	90.2

出所：日本LPガス協会、資源エネルギー庁、一部筆者推定

words　**【タクシー仕様車】** トヨタ自動車なら1995年より現在まで製造されているクラウンコンフォートはタクシー専用車。車両サイズは5ナンバーながらも、乗り降りしやすいようピラー部を立ててルーフを高くし、室内やトランクも広くしている。「クラウン」の名がついているが、一般のガソリン車のクラウンとは全くの別物。

タクシー業界に普及した理由

タクシーに普及した理由は、**タクシー仕様車**の価格の安さと燃費等の経済性でしょう。

タクシーに関しては、ある程度の台数が見込まれることから、自動車メーカーも最低限の車種と生産を維持してきました。

トヨタなら　コンフォート、クラウンコンフォート、クラウンセダン、同スーパーデラックス等です。

これらの車種は、一般のガソリン用のクラウンと名前こそ同じですが、全く別物と思って良いでしょう。従ってガソリン車のクラウンが、最低４００万～５００万円するのに対し、タクシー仕様のクラウンの価格は、２００万円以下と一般消費者からは考えられない、超低価格で供給してきたのです。

また本来ＬＰガス自動車の欠点である最大15年しかタンクが使えない問題も、年間７万km以上走るタクシーにとっては、その寿命は５年か最大でも７年程度で廃車なので、全く問題とならなかったのです。

走行エリアの問題についても、タクシーは広い意味ではエリア限定です。毎日営業所に帰りますし、航続距離も３００～５００km。オートスタンドの数も最低限あるので、問題にはならなかったのです。

同様に一定エリアを走る商用車、配送車についても同じ理由で普及したのでしょう。

購入するタクシー会社にはその経済性が魅力だったＬＰガスタクシーですが、ドライバーにとっては、ガソリンクラウン車と比較してエンジン等の違いによる加速時のパワーや、車体の違いによる乗り心地等の満足度は低い状態でした。その結果、タクシー会社に勤めていた運転者が独立して個人タクシーを始める際に、多くの方が価格の高いガソリン車に乗り換えてしまうのは皮肉な事実です。

一般車には普及しなかつた3つの理由

では、一般車にまで普及しなかった理由を一応整理してみます。色々あると思いますが、まずは改造費用等も含めLPガス仕様車の車両価格の高さ、基本性能、そしてLPガス自動車の種類の少なさにあったと思います。

一般顧客の車に対する要求度は極めて高いので、LPガスタクシー車のレベルでは、パワーや乗り心地等、納得しないでしょう。

タクシー等業務用としては、ある程度のラインナップはありましたが、消費者の選択という意味では皆無に等しいと思います。

従ってLPガス車に乗りたい顧客としては、一般のガソリン車等からの改造という選択肢になります。実は改造費用として40万～50万円程度を出せば、スイッチ一つでガソリンもLPガスも使えるバイフューエル車に多くの車が生まれ変わることができます。

バイフューエル車なら、走行距離も大幅に伸びるので、オートスタンドの少なさも気にならなくなります。業者によっては型式認定も取得しており、実はハイブリッド車のプリウスもLPガスで走る改造車が市販されていますが、一般にはあまり知られていません。

しかし一般顧客の走行距離は、年間1万km程度で、一般向けのLPガス価格も高く、タクシー同様のメリットは難しかったのです。

では10年、15年と長く乗れば、そのコスト差は、回収できるのでしょうか。

それもNOです。容器の再検査は必須なので、検査やさらに交換を考えると、ランニングコストのメリットは少なくなります。

従って40万～50万円の改造コストのすべてを回収することは難しいのですが、環境性能の良い車に乗る満足感と、どうバランスしてお考えいただくか。最後は消費者の選択なのだと思います。

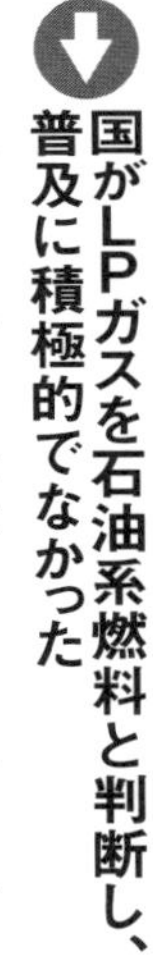

国がLPガスを石油系燃料と判断し、普及に積極的でなかった

LPガス業界は、環境にやさしいLPガス自動車を普及させるべく、国に次世代環境対応自動車として電気自動車並みの補助金等をつけるよう、何度も働きかけてきました。

しかし結果はNO。LPガスが石油系の燃料であるために、石油危機対策として始まった脱石油の方針に反し、LPガスに転換しても根本解決にならないと判断されたのです。

省エネルギー対策という枠の中では、LPガス自動車を購入する際、一般車との差額の一部を補てんするための補助金が出ていました。しかし、それも平成22年度で終了し、以降復活していません。

要するにLPガスが石油代替燃料とはみなされず、国の後押しがなかったことも、LPガス自動車が一般に普及しなかった大きな理由と言えるでしょう。

また需要が限られていたためにオートスタンド業界が、スタンド数の拡大に消極的だったこともあるでしょう。

しかし東日本大震災でエネルギー環境は一変しました。大震災直後にガソリン不足パニックが被災地から遠い首都圏でも発生しましたが、LPガスは供給不安を起こすことなく乗り切ったので、LPガスに対する評価が再び高まったのです。

その結果、震災対策上なのかもしれませんが、LPガス自動車に対する補助金が復活したのは、LPガス推進者にとって誠に嬉しいことです。

また米国からの輸入も増え、いわゆるホルムズ海峡依存度問題も解消しました。

今こそLPガス自動車が見直される時です。その詳細は、LPガス自動車普及促進協議会のHP（http://www.lpgcar.jp）が参考になるので、興味のある方は、ご覧下さい。

なぜ今、水素社会なのか

国内生産可能な「国産エネルギー」。発電機としての燃料電池車に期待

Point
- ◉水素は燃えても水しか出さない究極のクリーンエネルギー
- ◉燃料電池車が月産10万台になれば、毎月原発1基分の分散型発電機が普及することに

水素とは何か

水素は宇宙で最も豊富に存在する元素ですが、地球上では、海水などの水を構成する分子として存在し、大気中での濃度は1ppm以下です。単体の水素分子としては、天然ガスの中にわずかに含まれる程度です。

水素は燃焼しても水しか出さないので、究極のクリーンエネルギーと言われています。

その水素をエネルギーとして燃料電池などで使うためには、人工的に大量かつ安価に作り出さなければなりません。その意味では電気同様二次エネルギーなのです。

水素の製造方法

水素を安く大量に作るには、残念ながら、今は、化石燃料から作る方法が一般的で、原料は、天然ガスや石油製品などですが、製造過程では二酸化炭素も排出します。

具体的な製造方法は、水蒸気改質や部分酸化改質。そして石炭を蒸し焼きにして製鉄用のコークスを作る際に副次的に出るコークス炉ガス中の水素を利用する方法もあります。

あとはよく知られた水の電気分解、またメタノールやエタノール、バイオマスガスを改質して作る方法もありますが、一長一短です。

words **【プロパンを例にした水素発生反応】** ①$C_3H_8+3H_2O \rightarrow 3CO+7H_2$ ②$3CO+3H_2O \rightarrow 3CO_2+3H_2$ 合計で③$C_3H_8+6H_2O \rightarrow 3CO_2+10H_2$ 従って水素は、化石燃料から8、水からは12で6割もらっている。さらに製油所ではベンゼン製造の際に出る水素もあるので効率的。$C_6H_{12} \rightarrow C_6H_6$(ベンゼン)$+3H_2$

水素社会の到来で国富の流出を防ぐ

水素社会は実は２００９年から始まっています。家庭用燃料電池のエネルギーは正に水素なのですが、その原料は都市ガスやＬＰガスなので、水素社会の実感はないのが本音でしょう。

しかし、２０１４年12月発売の燃料電池自動車のトヨタ ミライは、正に水素の直接供給なので、この年が水素元年かもしれません。

私は水素社会が本当に普及すれば、①ガソリンの一部は水素に代わり、②灯油も一部は水素発電の電気に代わり、③電力用の重油や天然ガスも一部水素になるので、日本の資源の輸入量は、大幅に減らせると思っています。

製造コストの問題はもちろんありますが、私にとって水素は国内で製造可能な「国産エネルギー」なので国富の流出も防げ、また水素への投資は経済対策でもあるのです。

燃料電池自動車の発電能力に期待

燃料電池自動車は、小泉総理の頃から次世代自動車と言われてきましたが、それまでは、CO_2削減等環境面しかアピール点がなく、価格も高額で、普及はしませんでした。

しかし私は、電気事業法の問題は別として、停車中でも約10ｋＷという中型発電機並みの発電能力に注目しています。

自動車各社が２０３０年に、月産10万台を実現すれば、それは毎月１００万ｋＷすなわち原発１基分の動く中型分散発電機が、日本に普及することを意味しています。

このＦＣＶの電力を真夏のピーク時の電力不足対策や、太陽光不足時の補完、あるいは震災等の非常用電源として使えばよいのです。

その願いを込めて、本章では自動車用の水素供給を考えてみたいと思います。

燃料電池自動車（ＦＣＶ）の可能性

コストの高さも技術力で克服できるか

Point

◉燃料電池自動車も電気自動車の一種
◉新型ＥＶとの価格差をどう埋めるか

燃料電池自動車は普及するのか

トヨタの**燃料電池車**（以下、ＦＣＶ）ミライは２０１４年６月の華々しいプレス発表とは裏腹に、同年12月の販売はひっそりと始まりました。それは年間生産台数が２０１５年で７００台。そのうち国内向けはわずか４００台。そして２０１７年末の国内累計販売台数も約２０００台だからでしょうか。

トヨタは生産能力の向上を発表していますが、それでも年産３０００台のレベルなので、年間利益２兆円の会社としては、一桁少ないのではないかと思ってしまいます。

私は２００９年頃まで、日本ではＦＣＶは普及しないと思っていました。それは発電効率や耐久性等の技術・コスト、水素供給インフラ、水素コスト、そしてＦＣＶの必要性、どの面をとってもＨＶやＰＨＶ、そしてＥＶにかなわないと思っていたからです。

筆者の会社では、当時の新日本石油が開発していた家庭用燃料電池で、東京のＬＰガス地域では初の実証試験を行ないました。

それは苦労ばかりでしたが、定量発電の家庭用でも大変なのに、必要電力が秒単位で激変し、振動にも耐えなくてはいけない車用には燃料電池は適さないと思っていました。

words 【燃料電池（自動）車／FCV（Fuel Cell Vehicle）】 搭載した水素または改質した水素を燃料とし、燃料電池にて水素と酸素を化学反応させて発電し、モーターを駆動して走る環境に優しい車。電気自動車（EV）とのハイブリッドとも言えるのでトヨタは当初FCHVと呼んでいた。ホンダは車名にFCEVを使っている。

水素スタンドビジネスモデル検討委員会

そんなとき、トヨタ系のシンクタンクから、水素スタンドビジネスモデル検討委員会の委員になってほしいとの依頼がありました。

筆者は理工学部の出身で技術屋の遺伝子もあるのでＦＣＶに対する懐疑的な見方は納得しない限り変えない覚悟で参加しましたが、大変多くのことを学ばせていただきました。

まずは水素タンクです。70ＭPa（７００気圧）の基礎技術や耐久性の問題は２０１０年で既にクリヤーし、テーマは量産時の生産コストの削減でした。

もう一つの驚きは、発電用のセルの負荷追随性能です。家庭用の燃料電池の発電容量は約０・７５ｋＷ。トヨタ ミライは１１４ｋＷ。家庭用より１００倍以上大きいことは知っていたのですが、アクセル踏み込み時は、バッテリーから電流をもらい、セルからは家庭用同様、ほぼ一定の発電でバッテリーに充電していると思っていました。しかしアクセル踏み込み時は1秒未満でセルの発電も急上昇すると聞いて、大変驚いたのを覚えています。

それでもＦＣＶは、ＥＶの一種です。バッテリーが安くなり大容量を車に搭載すれば燃料電池は不要になるのではないかと質問しましたが、トヨタは「その高価なバッテリーより小さい容量と安いコストで燃料電池を作ってみせます」との回答でした。

トヨタFCV ミライ

日産NOTE e-POWER

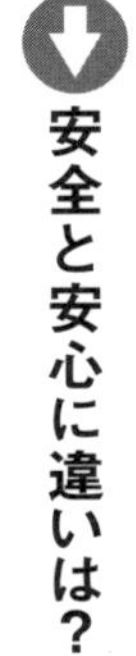

安全と安心に違いは？

ＦＣＶの車としての最後の課題は、お客様から水素への安心感を持ってもらえるかです。トヨタがいくら「安全です」と言っても、お客様が「水素爆発とか聞いたことがあるから心配」と言えばそれでおしまいです。

そう「安全」はメーカー側の表現であり「安心」は顧客の視点なので次元が違うのです。

私は「安全」を繰り返すより、ここまでやれば危ないという限度をお知らせするほうがお客様はむしろ納得されるのだと思います。

たとえば時速１００㎞でコンクリートの壁に衝突すると人命の保証はできませんが、水素タンクはまったく問題ないこと。あるいは、悪意のある酔っ払いが車へ放火するとして、ガソリン車はバールや金づちと太い釘、そしてライターがあれば数分で火は着きそうですが、ＦＣＶは私がやってもまず無理です。

ＥＶとＦＣＶの性能劣化時の違い

ＥＶが10年で10万㎞走ったあとはどうなるのでしょうか。実質の電池容量が仮に70％まで低下したとなると、新車時に２００㎞走れた車は１４０㎞しか走れず致命的な問題です。

車体価格の約半分を電池代が占めるといわれるＥＶは、バッテリーを交換しないと中古車としての市場価値は低いでしょう。リーフの今の中古価格は非常に安価です。

一方、ＦＣＶの10年10万㎞走行後は、どのような経年劣化が起きるのでしょうか。

瞬発的な発電能力は、徐々に落ちてくるそうですが、仮にそれが80％にまで落ちたとしても、高速走行時にアクセルを踏みこんだときの加速が少し悪くなる程度で、６００㎞走れた車が80％にまで低下して、４８０㎞しか走れないわけではありません。普通の運転ではまず気が付かないでしょうとのことでした。

日産NOTE e-POWERとトヨタ ミライ

では改めて日本に燃料電池自動車が普及するのかを考えてみたいと思います。

一番環境に良い車はEVですが、その走行可能距離を延ばそうとすると大量の電池を積まなくてはいけないので高価となります。

そこでEVに発電機を積むことにしました。ガソリンエンジンの発電機なら日産NOTE e-POWERで、本体価格は177万円。何とEVである日産リーフの320万円より安い価格で日本市場に登場したのです。

一方、EVの発電機をちょっと頑張って環境に良い燃料電池（FC）にしてみたら価格は723万円。NOTE e-POWERとトヨタ ミライの価格差は500万円以上ですが、お客様や国はこれを許容してくれるのか。

仮にその差の500万円を国や自治体が負担したとして20万台に補助金を出したら総額1兆円になります。

また日産NOTE e-POWERは全国3万のガソリンスタンドで給油が可能なのでインフラへの投資はゼロですが、FCVには水素スタンドが必要です。ガソリンスタンド並みの3万カ所とは申しませんが、同等の利便性を確保するなら1万カ所は必要でしょう。

次項でご説明する水素スタンドの設置費用が近い将来2億円まで下がったとして1万カ所なら2兆円の投資です。FCVと水素スタンドに合計3兆円投資した時の経済効果と環境性能の向上の価値をどう考えればいいのか。

どうしても水素を一定量普及させたいなら電力会社の天然ガス発電の燃料として混ぜるほうがもっと効率的です。5%程度ならガスタービンの仕様変更は不要で、液体水素タンクと気化器と混合装置を作ればいいのです。

ただこれは業界というより日本のエネルギー戦略として考えるべき課題かもしれません。

水素スタンドはビジネスになるか

燃料電池自動車の普及のもう一つの鍵は水素のインフラ整備

◉現在のコストは高額だが、規制緩和が実現すれば大幅低下も
◉都心のSSに併設するには設備の小型化が必要

水素スタンドの建設コスト

2018年1月末で、日本には補助金で作られた**水素ステーション（スタンド）**が約100カ所ありますが、その建設費は、70MPa（700気圧）で約5億円といわれています。

非常に高額ですが、これは水素ステーション用に設計されたコンパクトな設備がなく、今までは小規模ながらプラントを作らざるを得なかったこと、当初は実証実験が目的なので様々な計測装置が多数設置されていること、その法的基準が世界的に見ても非常に厳しいことが挙げられるようです。

要するにSS併設型の水素スタンドを意識した法律を作るか、必要な改正を行なえばよいだけの話だと思います。

この規制緩和とさらなる技術革新がスムーズに進むことが前提なら、私は水素スタンドのハードコストはあまり心配していません。

というのも、2020年の東京オリンピック・パラリンピックが決定した際、舛添前都知事は「1964年の東京オリンピックの時は新幹線と首都高速を作った。2020年には世界に先駆け、環境都市東京を象徴するような水素社会を構築する」と宣言。小池都知事もこれを継承したのでかなりの追い風です。

words 【水素スタンドと水素ステーション】 水素を自動車向けに供給する施設は一般的に水素ステーションと呼ばれているが、まだ正式な定義はない。筆者は、従来の水素単独の供給施設を「水素ステーション」、ガソリンスタンドとの併設型を「水素スタンド」との使い分けを提唱している。

水素スタンドのビジネスモデル

129ページ上の写真は2013年に完成した日本で最初のSS内に併設された水素スタンドです。それまでは水素ステーション単独かSSの隣接が限界だったので、規制が緩和されSS内での併設が実現した意義は非常に大きいと思いました。

その敷地面積は約1000坪ですが、整備が急がれる都心部の狭いSSへの設置には、規制緩和とともに水素供給設備の大きさを洗車機の稼働スペースすなわちハーフコンテナサイズ以下に縮小することが必要です。

イメージしやすいのは大陽日酸㈱の移動式水素供給設備（129ページ下写真参照）ですが、さらに貯蔵タンク、加圧設備、蓄圧タンク、水素計量機を分けてSSに分散設置すれば都心の200坪SSにも設置可能です。

また水素は80MPaの圧力で充填しますが、満タン約6kgでも5分で充填が終わるよう、事前冷却充填システムを採用しています。

このガソリンと同程度の充填時間で済むことが、電気スタンドとの決定的な違いです。

水素スタンドの設置費用は、普及期には2億円を切ると信じていますが、たとえば国の補助は4分の3。残りの4分の1は、東京都や地元自治体、そして運営費も相当額、国と自治体が補助する仕組みが出来つつあります。

水素スタンドには官民合わせて年間4200万円程度の運営補助費が少なくとも2020年までは出ることが決まっています。

また水素スタンドに水素を供給する会社も当分は赤字ですから、JXTGや岩谷産業による立場を超えての水素供給会社の設立の決定は、とても良いことだと思います。

水素価格や充填手数料も当初は準公共料金的に定め、社会的使命で先発した水素スタンドが赤字にならない仕組みが必要です。

Tokyoスイソ推進チームの発足で規制緩和が進む?

Point

- ◉舛添知事から小池知事へ引き継がれた水素戦略会議
- ◉SS業界として水素社会参画へ前向きなアピールを

東京水素戦略会議

２０１４年４月、東京都の舛添知事名で１通の郵便をいただきました。タイトルは、「水素社会の実現に向けた東京戦略会議の委員就任について」です。過去にも資源エネルギー庁の委員はやっていたのですが、環境局長ではなく舛添知事名での招集には驚きました。

そして委員会メンバーを見てまたびっくり。トヨタ、日産、ホンダ、東京電力、東京ガス、ＪＸ。家庭用燃料電池の東芝やパナソニック。水素の岩谷産業や水素設備では有名な川崎重工などで、委員の役職も部長級以上です。

その中で中小企業は間違いなく私だけでしたが、東京都の事務局の配慮がありました。それは私の一本釣りではなく東京のガソリンスタンドの団体である東京都石油商業組合を通してのご依頼なので、東京のＳＳ業界を代表しての出席と意見表明なのです。

第一回と最後の委員会には舛添知事もフルタイムでご出席され、我われ委員会の意見に耳を傾けたので、その本気さを感じました。

その会議は２０１６年から東京水素社会推進会議と名を替え小池都知事に代わってからも継続されていますが、豊洲問題やオリンピック施設問題による財源不足は心配です。

筆者のプレゼンは「花とミツバチ」

委員としての意見は、第二回、第三回で提言しましたが、その内容は東京都の環境局のHPから見ることができます（本書執筆時点では、環境局トップページ→エネルギー→水素社会の実現→水素戦略会議→水素戦略会議H26〈詳細はこちら〉。「東京戦略会議　垣見委員」で検索してもヒットします）。発表内容は以下の通り。

①都心部や23区での水素スタンド普及を目指すなら、日常的に危険物を取り扱う我われガソリンスタンドやLPガススタンドが最適。近隣住民の理解も得やすい。

②それに必要なのは、ガソリンや灯油並みの規制緩和とさらなる技術革新。

プレゼン中の筆者

③水素タンクや計量機などハードの設置費補助と運営面の維持管理費の補助が必要。

④水素スタンドの近隣のタクシー会社や民間バス会社へ、水素スタンドとFCVやFCVバスのセットの補助金が有効かつ現実的。

⑤FCVと水素スタンドは「卵と鶏」ではなく、「花とミツバチ」。最初からWin-Winの共存共栄の関係が大切である。

実は、舛添知事も出席した時に申し上げた「卵と鶏」ではなく、「花とミツバチ」の表現が知事や委員からわかりやすいと評判になり、その後の日本経済新聞や日経産業新聞に大きく取り上げられました。

この戦略会議の結果、東京都での水素スタンドの建設は、支援先が中小企業の場合は5億円までの全額補助が決定しました。

運営費も国と合わせて年額４２００万円の補助というのは、私のプレゼン以上の満額回答なので大変喜んでいます。

規制緩和のスピード感

東京水素推進会議の後押しやオリンピック・パラリンピックの締め切り効果があったとしても、零細企業である我われ特約店クラスが私財を投資して水素スタンドを建設し運営していくには、まだ不安は沢山あります。

その最大の心配は規制緩和のスピード感です。筆者の会社は、当時の新日本石油の要請で、東京都のLPガス地域では第一号の家庭用燃料電池の実証試験をお引き受けしました。期間は1年数カ月でしたが、その短い間にも規制緩和は進んだのです。

たとえば運転停止時は、配管内の水素を窒素で置換する義務が規制緩和され、試験終了時には窒素ボンベがいらなくなりました。同様に水素製造責任者の資格も不要になるなどリアルタイムで規制緩和を実感しました。

当時、水素社会の到来を予測した石油連盟のトップが時の総理に働きかけたからではないかと推察していますが、規制緩和と技術革新が同時に進んだ本当に良い例だと思います。

その良い印象があったので、水素スタンドの規制緩和も加速度的に進むだろうと筆者が勝手に期待してしまったのかもしれません。

筆者の当初のイメージは——

2013年に水素スタンドとガソリンスタンドの併設第一号が完成した。

2014年にはその普及モデルが全国に展開。事故なく近隣住民の理解も進んだ。

2015年には道路との離隔距離が8mから6mに緩和され、より狭い500坪のSSでも水素スタンドの併設が可能になる。

2017年にはさらに4mまで緩和され、300坪のSS併設型ができる。この頃になると敷地面積のほとんどに屋根のある屋内型のSSでも水素スタンドとの併設事例ができてSS経営者も見学に行くようになる。

▲2013年設置　JXエネルギー海老名中央水素ステーション。SS併設第１号

▲2015年設置　岩谷産業芝公園水素ステーション

▲▼大陽日酸　移動式水素ステーション

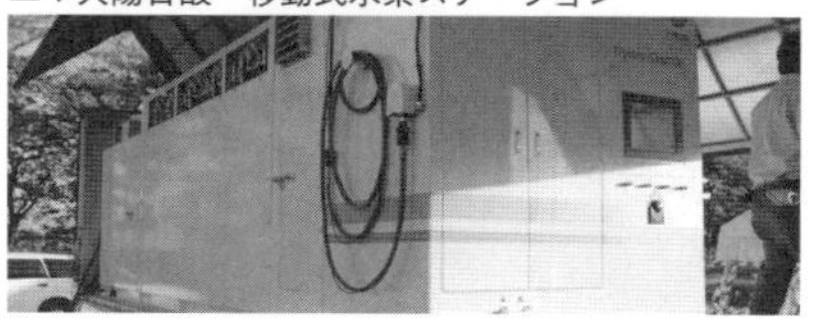

２０１９年は、液体水素の地下タンクの第一号が完成。その気化熱は80ＭPaに昇圧する時の熱を冷やすプレクールとして使うので、プレクール設備も不要となりローコストかつ省スペース化に成功する。
——という感じでした。

Tokyoスイソ推進チーム発足

そんな規制緩和の遅さを心配していた筆者にとって記念すべき出来事がありました。

２０１７年11月１日。名前も東京水素戦略会議から「Ｔｏｋｙｏスイソ推進チーム」に改め、都の主導のもと、水素社会を推し進めていく組織が誕生。小池知事も出席したその発足式に、私も参加してきました。

11月１日に発表された推進チームの宣言は「水素が動かす、東京の未来」です。その他は環境局の公式ＨＰやＳＮＳをご覧下さい。Twitter:@team_suisui　Facebook:Tokyoスイソ推進チーム　Instagram:team_suisui

今回のＴｏｋｙｏスイソ推進チームは、ある意味大きな進展があったと思います。それは今までのような大学の先生に座長を任せる委員会方式から、東京都環境局の部長クラスが議長となって、トヨタ、ホンダ、日産、ＪＸＴＧ、岩谷、東京電力、東京ガス、川崎重工他20数社の水素関係者からなる運営委員チームを、都が責任をもって引っ張っていってくれる体制になったことです。

また今回は運営委員の所属団体を中心に、77の企業、11の組合や法人団体、そして23の自治体が加わり合計１１１の大所帯です。

そして今回初めて、東京都ＬＰガススタンド協会にも加わっていただきました。「東京オリンピックに向けて」という冠はなくなりましたが、オリンピックが最終目標ではなくその後も見据えて水素社会の普及を続けるからとのその理由をお伺いして納得致しました。

LPガスオートスタンドが有利なこと

東京の都心に水素スタンドの建設を本気で考える場合、経済原則からは全くの新設ではなく、既存の危険物施設への併設を考えるのが合理的です。その筆頭はガソリンスタンドですが、実はLPガスタクシーなどにオートガスを供給するオートスタンドは、条件としてはガソリンスタンドより有利なのです。

オートスタンドの約7割はタクシー会社やその子会社が運営していると言われています。中にはタクシー会社の営業所や駐車場に隣接しているケースもあります。

都心のガソリンスタンドが敷地を目一杯使っているのに対し、オートスタンドの場合は、タクシーの営業所やその駐車場まで含めて考えれば、道路や隣地から必要な離隔距離をGSよりは確保しやすいと思います。

またLPガスからの改質ならば、効率こそ落ちますが、水素の輸送費用問題が存在しないのも利点です。また高圧ガスの資格者も兼任が認められればコストダウンとなります。

2017年6月現在、都内には約70のオートスタンド（内自家用は15）があります。千代田・中央・港の3区はゼロで、新宿と渋谷に一カ所ずつなのですが、それでも都心を走るタクシーは何とかやっています。

またタクシーの使用量は一般車の10倍なので、FCVタクシーの普及は水素スタンドにとっても効率的です。その車のイメージは2017年10月発売のLPG仕様トヨタジャパンタクシー（写真）で、この車のFCVが出来れば、トヨタも水素スタンドもタクシー会社も三方良しでしょう。

最後の課題は水素の搬入方法の確立

水素を運ぶオフサイト型、スタンドで作るオンサイト型

Point

◉オフサイト型では如何にローコストで運ぶかが課題
◉オンサイト型は都市ガスを原料に使えるが、水素製造設備が必要なため建設コストがかさむ

オンサイト型とオフサイト型

水素スタンドの整備が成功するか否かにおいて、私は最後の課題は、最も有力な候補とされる水素スタンド併設のガソリンスタンドに、水素を如何にして効率的にローコストで運ぶかという点だと思います。

・オフサイト型（水素搬入方式）

オフサイト型は、製油所等で作った水素を、水素タンクローリーなり、あるいは、もう少し小さい水素ボンベをコンテナに収納したカードルという状態で運ぶ方法です。

しかし現在、水素タンクローリーは、法律の規制緩和の遅れもあり、19・6MPaの3千㎥のものなので、鉄を運んでいると揶揄されています。従って杉並の水素ステーションでは、カードルに入れた水素ボンベを運んでいました。これを**CFRP容器**にして45MPaで運ぶのが次の段階でしたが、海老名中央他JXTGのオフサイト型ではこの方式で供給されています。

オフサイト型のメリットとしては、製油所で作った安い水素を使えることと、水素スタンドの建設コストもオンサイト型と比較して安いことですが、水素の輸送コスト等のランニングコストが高いのがデメリットです。

words **【CFRP（Carbon Fiber Reinforced Plastic）容器】** 炭素繊維強化プラスチック容器。エポキシ樹脂の母材に炭素繊維を巻く等の補強をした炭素繊維強化プラスチック。高い強度と軽さを併せ持つ材料のため、様々な用途への使用が期待されている。燃料電池自動車の分野では、70MPaの高圧水素タンクに応用されている。

究極のオフサイトは液体水素搬入方式

ＬＮＧはマイナス１６２℃で液化し大気圧となりますが、実は水素もマイナス２５３℃で液化し体積は８００分の１になります。しかしこれには高度な技術を要します。普通の炭素鋼では液体水素を充填するとあまりの冷たさに鉄が割れてしまうのです。

そこで極低温での強度や靱性が低下しないステンレス鋼（ＳＵＳ３０４Ｌ材）を使用したものを川崎重工が開発し、液体水素を６００km運ぶ公道試験を行いました。現在は工業用の分野で液体水素の本格運用が始まっています。その液体水素ローリーのボイルオフレートは０・７％／日くらいです。

▶岩谷産業の液体水素ローリー（20kℓ）

・オンサイト型（水素製造方式）

オフサイト型の対極にあるのが、ＳＳで改質をするオンサイト型で、それに最も適しているのが、導管で天然ガスを供給する都市ガスでしょう。都心部ならば、ＳＳまで導管は来ているので、その天然ガスを使い、ＳＳで改質して水素を作り、加圧し、タンクに貯めて、燃料電池自動車に充填するのです。

天然ガスから水素を改質製造する設備が必要なので、イニシャルコストは高くなります。

また製油所等で水素を作るより、水素製造のコストや他の副産物としての水素の利用ができないので総合効率は少し落ちますが、前述の水素を運ぶコストの心配をしなくていいのが最大のメリットです。

近未来の究極の水素スタンドは

都心のSSでは灯油の販売が少なくなってきたので、灯油タンクを液体水素タンクに替え、灯油計量機を水素ディスペンサーに替える方法がベストだと思います。オートスタンドも需要は減っているので、計量機の一部をオートガスから水素に替えると考えれば反対は少ないでしょう。

最後はあと一歩の技術革新です。①液体水素を地下タンクで貯蔵し、②800リットルの超低温かつ超高圧に耐えられるタンクに液体水素を移送する。③大気圧で温めると80 0気圧の気体水素になる。④それを水素計量機でFCVに充填する。この方式だと800気圧に圧縮するコンプレッサーも、3分で充填するための高温高圧の水素を冷却するためのプレクールも不要になり、大幅なコスト削減と省スペースが可能となります。

あくまでも前向きアピールで

以上が私の考える理想的な水素スタンド普及イメージだったのですが、現実的にはかなり遅れていることを認めざるを得ません。

でもSS業界やオートスタンド業界としてできない理由をあげて参入しない言い訳にしていると、穿った見方をする一部マスコミからは、「SS業界はガソリンの既得権益を守りたいから水素社会に反対している」と抵抗勢力として映ってしまいます。

水素が社会インフラとして必要なら、そしてお客様が望むなら、都心で危険物販売施設としてのインフラを既に持つ我われが、ガソリンや軽油や灯油と同様に水素も販売します。だから早く規制緩和して下さい。運営費もローコストになり、ビジネスとして成り立つようになったらいつでも参入します。このアピールを続けることが大切だと思います。

第 6 章

都市ガス業界の課題と今後への対応

――いよいよ始まった自由化だが……

都市ガス業界の現状

電力から1年遅れで自由化されたが、業界特有の問題は壁に

都市ガス業界も始まった自由化

2016年4月より始まった電力業界の一般家庭用分野の最後の自由化に遅れること1年。都市ガス業界も2017年4月から一般家庭用の自由化が始まりました。

2017年年末時点での筆者の印象としては、電力の自由化は一応成功したと思いますが、都市ガスの方は、まだ関西圏など一部の都市圏しか本格化していないように思います。

その理由はまだ8カ月という時間ではなく、電力とは違う問題が存在するからです。

また電力業界や都市ガス業界が、長年競争のない「地域独占」と「総括原価方式」という二大特権の中でやってきたので、「自分たちが苦労して作ってきた送電網やガス導管を、なぜ自由化のために提供しなくてはならないのか」などの声も聞こえてきました。

しかし古くから自由化した石油業界に身を置く筆者からすれば、その二大特権がなくなったという意識改革が必要だと思います。

また少なくとも2016年の電力の自由化についてはマスコミもかなり報道してくれたので、一般国民も自由化を考える良い機会になったと思います。この自由化問題は本章の後半で解説させていただきます。

都市ガス事業の概況・東京ガスの例

都市ガス業界の課題を考えるには、まず都市ガス会社の全体像を正確に把握することが必要です。

第1章では、本章では、都市ガス業界の総括的な説明をしたので、世界最大の都市ガス会社である東京ガスについて、その全体像を把握することにより、その課題と目指すべき都市ガス会社像や今後への対策を考えてみたいと思います。

・会社名（商号）　東京ガス株式会社
・本社所在地　東京都港区海岸1‐5‐20
・創立　明治18（1885）年10月1日
・資本金　1418億44百万円
・従業員数　8219人
・連結従業員数　1万6823人
・売上高（連結）　1兆5870億85百万円
・最終利益（連結）　531億円
・ガス販売量（連結）　157億20百万m³
・ガス導管延長（連結）　6万3062km
・供給区域　東京都および神奈川、埼玉、千葉、茨城、栃木、群馬各県の主要都市
・顧客件数（取付メーター数）　1153万6千件

以上、平成29年3月末日現在

ここまでは単なる会社概要なので、エネルギー供給がどうなっているかはわかりません。そこで筆者から見たガス供給という物流面からの視点で改めて調べ直し、一部の推定を加えて解説させていただきたいと思います。

結論としては都市ガスの最大の長所である導管供給は、大災害が発生すると、その長所が一気に短所に変わる可能性があるので、それを如何に補うかが鍵のようです。

①LNGの調達

その調達は、アジアやオーストラリア等太平洋地域が中心です。オーストラリア（約4割）、マレーシア（約4割）他、ロシア、ブルネイ、インドネシア等から、合計12件の長期プロジェクトにより、2016年度で約1425万トンを輸入しています。

2017年度ではLNGを運ぶのは、7隻の自社管理LNGタンカーおよび3隻の傭船。そして4隻を新造中です。

②輸入基地

東京ガスの輸入基地は現在、神奈川県の根岸、扇島、千葉県の袖ヶ浦、茨城県の日立の4カ所（根岸と袖ヶ浦は東京電力との共同運用）で、合計貯蔵容量は2017年度末で353万kℓあります。LNGは気化すると600倍の体積になるので非常に大きな数量と思われますが、出荷日数にして約1カ月半です。

ただし輸入基地のタンクは常時満タンに入っているわけではありませんが、緊急備蓄の目安は約20日分です。原油の180日の備蓄と比べれば、まさに流通在庫のレベルで備蓄とは言えないことがわかるでしょう。

③ガス化工場

根岸、袖ヶ浦、扇島、日立の輸入基地で一次貯蔵され、4つの工場でガス化しています。

LNGはマイナス162℃に冷却されているので、熱を加えればいいのですが、その熱源は何だと思いますか。

東京ガスの扇島基地に2011年10月に設置された最新の気化器（ガス発生装置）は、1基で毎時200トンの能力ですが、その気化熱は何と海水から得ているのです。従って通常はボイラー等で天然ガスを消費している訳ではないので、気化に伴うエネルギーロスもほとんどなく効率的なようです。

④高圧・中圧パイプライン

この4基地で気化された天然ガスを、東京都の東半分の円と千葉県西部から東京湾の海底幹線で囲まれた円の二つの円状に配置された高圧幹線で、営業エリア内に供給しています（141ページ下図参照）。

高圧幹線は1MPa（10気圧）以上で直径40～90cmです。中圧配管は0・1MPa以上1MPa未満で、その管の太さは一般的に直径10～75cmです。この高圧・中圧パイプラインは、地震や液状化に対して、非常に強い強度を有していると説明されています。

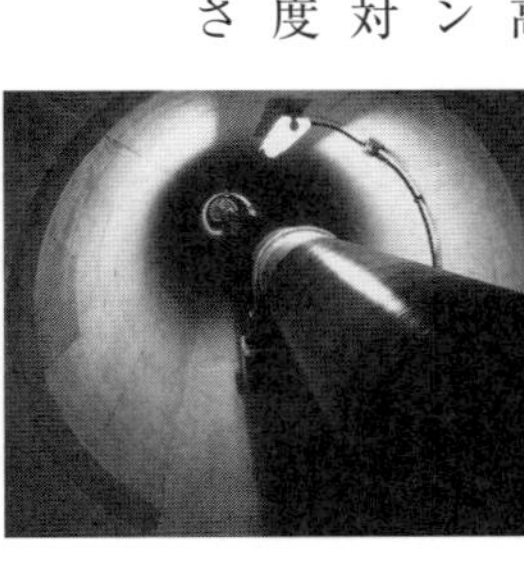

▶高圧・中圧導管
写真提供：東京ガス

⑤20拠点に配置された巨大ガスタンク設備

この二つの円状に配置された高圧パイプラインには、20の拠点に巨大ガスタンク設備が設置されています。その容量は、一基20万㎥のタンク（ガスホルダー）が合計約40基ありますが、その詳細な場所や各タンクの容量は、安全上の問題なのか公開していないとのことでした。

しかし巨大なタンクは隠せないので、筆者の住む杉並区にも供給しているであろう、世田谷整圧所へ行ってみました。最初に建設されたのは1956年6月なので意外に歴史があります。10万㎥を4基建設後、20万㎥が1基増設されたようです（141ページ写真）。

この世田谷整圧所と東京の中心より西に位置する保谷整圧所、北にある練馬整圧所、北東にある千住整圧所などと湾環高圧幹線で東京中心部のガス供給を支えているようです。

words 【ガバナ】ガス業界で使う場合は、「整圧器」のこと。ガスの消費量の増減にあわせてガスの圧力を自動的にコントロールする機能を持つ。大規模なガバナステーションと呼ばれるものから、末端エリアに近い小規模なものもある。東京ガス管内では供給エリア内に約4,000カ所の地区ガバナを配し、適圧力での供給を行っている。

⑥25の中圧導管網ブロック

高圧パイプラインで運ばれてきた天然ガスは、20のガスタンク設備を拠点に、25の中圧導管ブロックに分けて供給されています。

各中圧ブロックに1つずつのガスタンクが設置されていないのは、コンピューターシステム制御により、周りのブロックから絶妙な需要予測と圧力制御で安定供給されているのでしょう。

東京ガスのショールームのある新宿や甲州街道と井の頭通りの交差点近くの松原にも、昔は巨大なタンクがあったと思いますが、効率化の成果なのか今はもうありません。

▶地区ガバナ
写真提供：東京ガス

⑦約250の小ブロック、約4000のガバナ

この25の中圧ブロックは、さらに250の小ブロックに区分けされています。

万一大地震等で、ブロック内のすべての供給を停止する事態が発生した場合は、各ブロックが細かく分かれ、ブロック内の顧客数が少ない方が、復旧作業は早く済みます。そこで東京ガスでは、現在2020年に向けて、約250のブロック数をさらに小分けして、小ブロック内の顧客数を約5万戸からさらに引き下げる取り組みが行われています。

そして約250の小ブロックに細分化されたガスは、約4000カ所の地区**ガバナ**と呼ばれる圧力調整器で低圧（1～2・5kPa）にされ、末端軒数にして約1100万戸のユーザーに供給しています。ちなみにガス化工場からユーザーまでの導管は、2017年3月末現在合計約6万3千kmに及ぶそうです。

東京・世田谷の世田谷整圧所のガスタンク

東京ガスの供給エリア・導管網

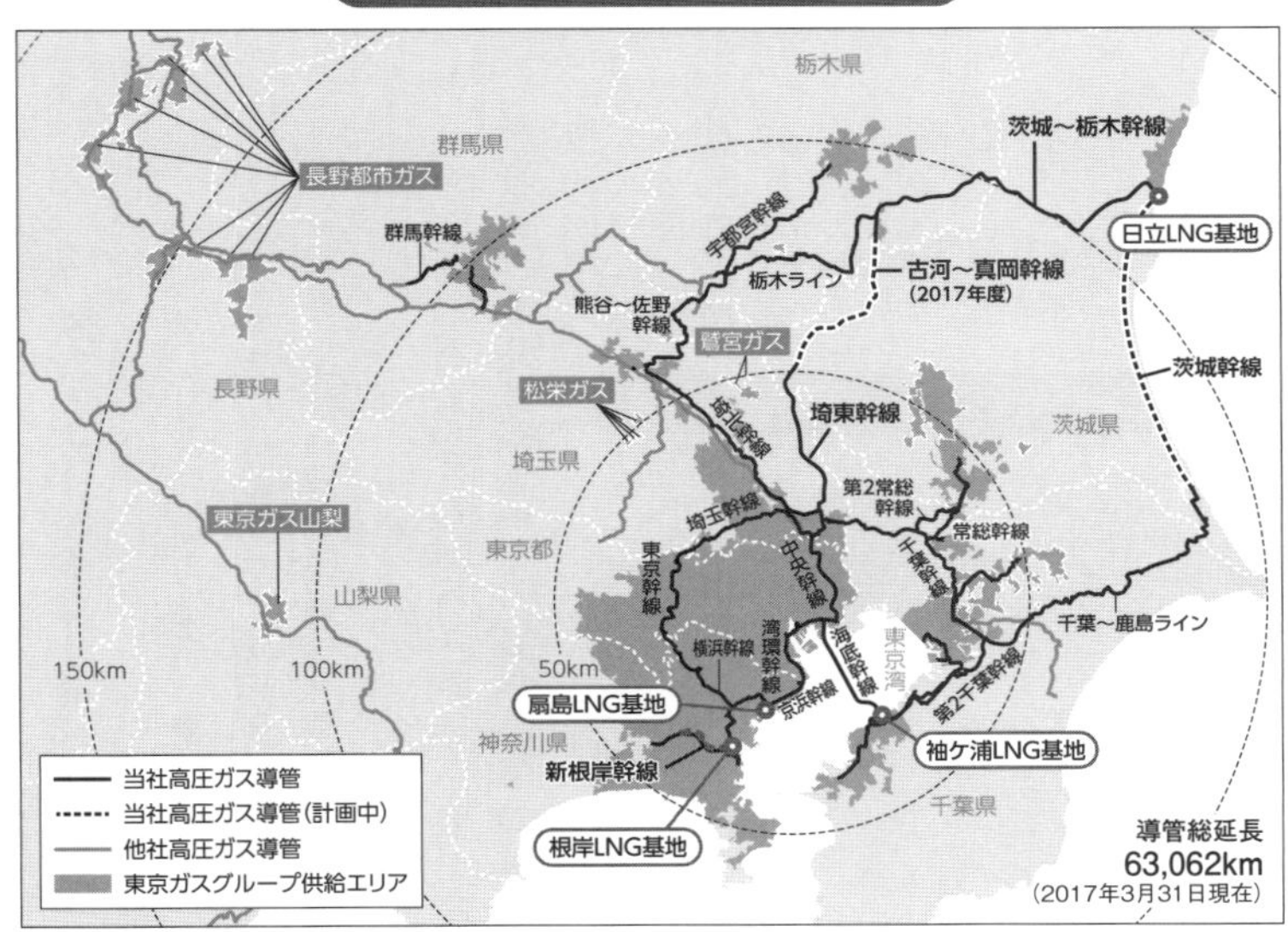

出所：東京ガス

三大都市ガス会社間でも差のある価格。大口用は大幅に値引きされている

Point

- ◉三大ガスの中では東京ガスの価格は安い
- ◉ＬＮＧの輸入価格に連動
- ◉大口は電力や工業用重油とのあいだで自由競争をしてきた

都市ガスの価格は高いのか

次に三大都市ガス会社のガス価格を見てみましょう。いわゆる親子４人の標準家庭での価格は下のグラフの通りとなっています。２０１７年３月まで地域に１社しか認めていなかった地域独占会社のそれ以降の経過措置としての認可料金です。その価格は、中京圏に供給する東邦ガスが最も高く、次いで大阪ガス、東京ガスの順となっていました。

ちなみにグラフの変動は、原油価格やＬＮＧ価格の輸入ＣＩＦ価格に後追い連動して価格が改定されていることを意味しており、例えば１～３月の輸入価格の平均が、６月価格に反映される仕組みです。過当競争の中で、原油価格上昇や円安で仕入れ価格が上がっても、なかなか転嫁できない石油業界にいる筆者にとっては羨ましい限りです。

1カ月の家庭用ガス料金推移主要3社比較

11,000（円）
10,000
9,000
8,000
7,000
6,000
0
'13/6 '13/12 '14/6 '14/12 '15/6 '15/12 '16/6 '16/12 '17/6
東京ガス
大阪ガス
東邦ガス

50m³／月の使用量で計算
東京ガス、大阪ガスは45MJ/m³、東邦ガスは46.05MJ/m³で計算
出所：東京ガス

業務用や大口工業用はかなり安い

都市ガスの強みは、ずばり導管供給です。一度コストをかけて導管を敷設すれば、ランニングコストは少なく、増口径が必要となるまでそのコストが増えないのが特徴です。

先に契約が自由化された大口電力や、元来自由取引だった石油業界が供給する工業用の灯油やローサルA重油と、この導管のメリットを生かし、販売価格も自由化された都市ガスとが、自由競争をしているのです。

反面一般顧客は高止まりのままですが、その価格差はどこまでなら許容範囲なのか。

一般消費者に「大口は安くても仕方がない」と理屈ではわかっていただいたとしても、一般の3分の1以下という価格差を納得していただく説明は至難の業です。実際、電力業界もその利益の9割が一般顧客から得ていると報道され、消費者が驚いたのも事実です。

左は、用途別のガス料金イメージです。

ガス料金標準イメージ

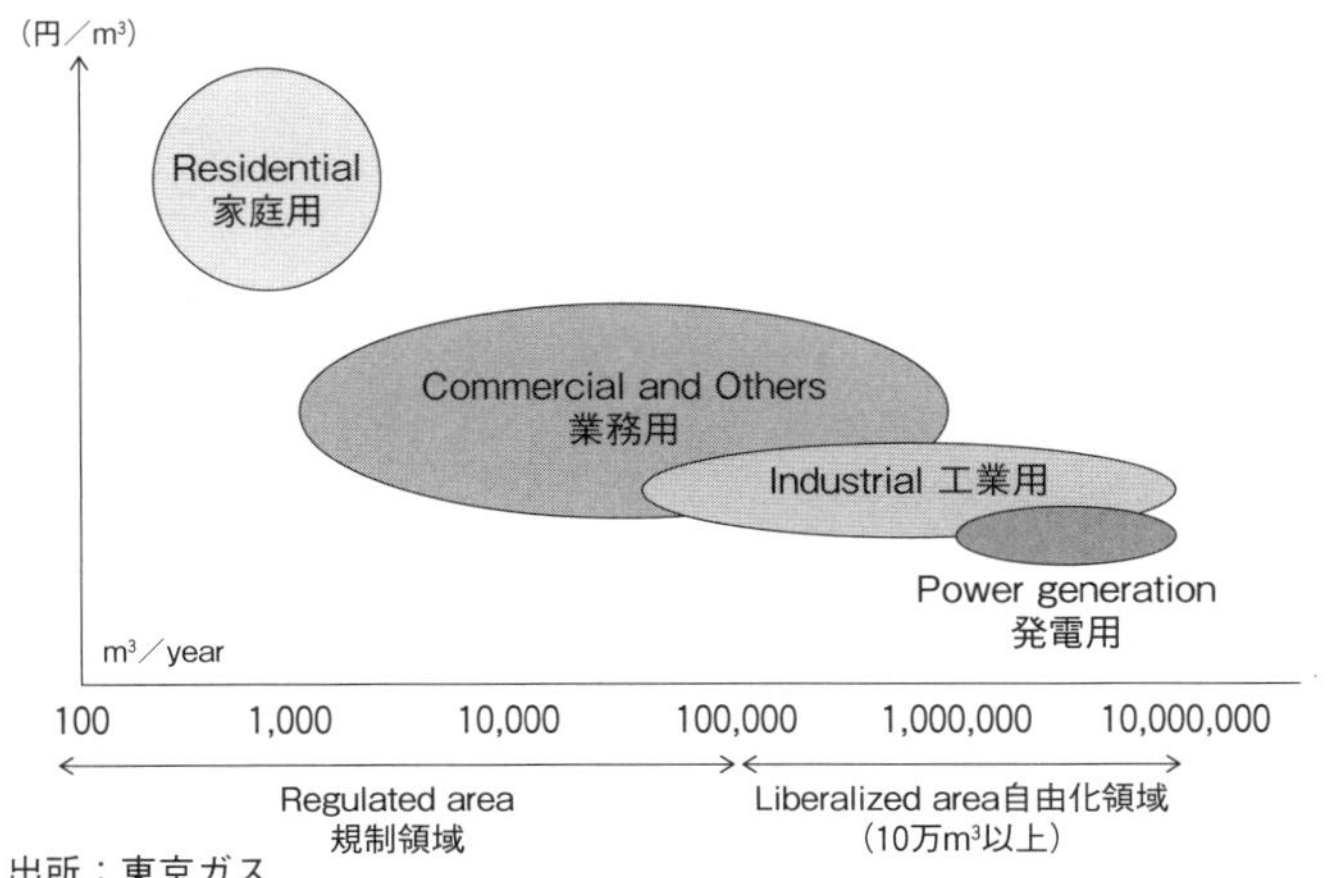

出所：東京ガス

大口から進んだ自由化だが……

Point
◉１９９５年、特定電気事業者による電力会社への卸売が可能に
◉２０１６年からは家庭用も自由化に。今後は発送電分離で自由化完成へ

電力業界の自由化と今後の改革

ガス業界や石油業界との公平性を考える意味で、電力業界が過去行った自由化と２０１６年からの家庭用の自由化を調べてみました。

電力業界の最初の改革は１９９５年でした。特定電気事業制度が創設され、卸供給事業すなわち電力会社以外の会社が、石油やガス火力等独自の方法で発電し、それを電力会社に供給することが可能となりました。

しかしその卸売価格は、１ｋＷ当たり５～６円程度で、発電事業者としては、赤字を出さないというのが精一杯のレベルでした。

その具体例は、当時の新日本石油が根岸製油所にて残渣油で発電した電気を東京電力に売る事業もこの規制緩和で開始されました。

そして２０００年からは、電力の卸売りだけでなく、２０００ｋＷ以上の大規模工場向けの売電が自由化されました。

当然送電線は電力会社のものを使わせてもらうわけですから、大口の自由化と同時に送電線の託送ルールやその費用なども決められました。

この時点では自由化された顧客数はわずかですが、使用量は大口なので、全販売量に占める自由化の割合は26％になりました。

続いて2004年4月からは500kW以上、2005年4月からは50kW以上が自由化され、その割合は62%にまで拡大しました。

実はこの50kW以上とは、まさに小規模ビルのレベルなのです。筆者の会社の麹町本社や隣接する別館（左写真）もこの規模に該当したので、新日本石油（現JXTGエネルギー）からの電力購入を始めました。

当時の原油価格は30～50ドル／バレルだったので、東京電力より少し安くしても採算は合ったそうですが、昨今の60ドル／バレルを超えるレベルでは苦戦と聞いています。

その後電力業界改革を決定的に後押ししたのは、やはり東日本大震災と原発事故です。

「地域独占」と「総括原価方式」によって守られてきた業界には、自浄作用はなく、長年の問題が一気に噴き出しました。

根拠のない原子力安全神話を強引に主張し、地元の公聴会での社を挙げての世論誘導のみならず、それに対する当時の社長のコメントが、我々一般国民の常識とはかけ離れていたのは、筆者としても驚くべき事実でした。

これを受け政府は電力システム改革委員会を設置し、工程表を作成しました。

そして2013年度に電気事業法を改正、2015年に電力需給を広域で調整する機関が設立され、2016年4月からついに家庭向け小売の自由化が始まり、そして2020年までに発送電分離を目指しています。

その送電網会社の真の中立性が確立すれば、営業区域を跨いだ「越境供給」が加速され、真の電力業界の自由化が実現するでしょう。

電力会社内変更も含めて約12%の消費者が契約変更

Point

- 自由化開始以降、増加が続く小売電力事業者数
- 新電力への切替えは、上位４社で約46%を占める（顧客軒数ベース）

電力業界の一般家庭用の自由化

家庭用の自由化から1年半を経過した２０１７年にはどこまで進んだのでしょうか。

家庭用の電力は例外を除けば10電力会社からしか買えなかったわけですが、２０１６年4月自由化開始時の登録済の小売電力事業者は２９１社、２０１７年3月は３８９社、そして２０１７年12月1日では、４４５事業者にまで未だに増加しています。

事業者として登録したものの販売実績のない会社も2割程度ありますが、電力市場は一応開放されたと言っていいでしょう。

肝心のスイッチング数は

その価格については1〜10%安と様々ですが、消費者はどのような選択をしたのか。分母となる家庭用の総契約軒数は、正確な数字は一般家庭の従量電灯だけなのか、店舗等の動力含めると重複するなどいろいろな数字があるので、筆者推定でお許し下さい。

そのスイッチングの実績は左ページの表の通りです。その表中にある「電力会社内変更」とは、電力会社は変えず、その電力会社が自由化で新たに作れるようになったお得な新プランに変更したものを指します。

電力自由化後の契約変更軒数と切替え率

単位：千軒

	旧一般電力顧客軒数*	2016/6-2017/9 電力会社切替 主に電力会社から新電力							電力会社内変更		契約変更合計	
		6月末	9月末	12月末	3月末	6月末	9月末	%	9月末	%	参考	%
北海道	2,760	63.2	94.7	129.3	164.6	233.7	268.7	9.7%	11.1	0.4%	279.8	10.1%
東北	5,467	32.4	57.0	84.7	121.8	155.1	194.3	3.6%	39.3	0.7%	233.6	4.3%
東京	22,966	762.5	1,083.1	1,443.8	1,813.8	2185.8	2613.1	11.4%	800.3	3.5%	3,413.4	14.9%
中部	7,615	83.7	146.3	202.8	295.1	361.2	438.7	5.8%	1149.7	15.1%	1,588.4	20.9%
北陸	1,237	3.1	6.0	12.3	20.6	25.7	31.1	2.5%	18.5	1.5%	49.6	4.0%
関西	10,067	260.5	380.9	517.9	721.5	900.2	1089.2	10.8%	453.7	4.5%	1,542.9	15.3%
中国	3,499	3.2	7.7	16.6	40.3	59.4	79.1	2.3%	409.9	11.7%	489.0	14.0%
四国	1,941	5.8	11.9	21.0	32.9	47.4	63.9	3.3%	84.9	4.4%	148.8	7.7%
九州	6,218	50.0	96.7	146.2	217.3	284	345.2	5.6%	157.9	2.5%	503.1	8.1%
沖縄	760	0.0	0.0	0.0	0.0	0.1	0.1	0.0%	1.5	0.2%	1.6	0.2%
全国	62,530	1,264	1,884	2,575	3,428	4,253	5,123	8.2%	3,127	5.0%	7,379	11.8%

出所：電力広域的運営推進機関。電力・ガス取引監視等委員会2016/4-2017/9累計　＊従量電灯と低圧

東京電力なら従量料金ＢやＣから、スタンダードＳというプランや、さらに使用量の多い顧客向けのプレミアムプランへの変更で、使用量の多い顧客を防衛していると言えます。

この電力会社内でのプラン変更も含めると、契約変更の割合は約12%です。消費者にとっても価格安の恩恵があったので、電力の自由化は一応成功したと言えるでしょう。

では新電力はどこが実績をあげているのでしょうか。その比較方法はいろいろありますが、低圧分野では、発電量や総販売電力量ではなく顧客軒数で比較するのが良いと思います。全国では、東京ガス24%、ＫＤＤＩ13%、大阪ガス11%、そしてＪＸＴＧ８%の４位までで新電力の約46%を占めています。

特にＪＸＴＧは２０１７年末現在、東京電力管内では東京ガスに続き2位で、ゼロからの積み上げなので大善戦です。ＬＰガス業者では、サイサンがシェア３%と大健闘です。

東京ガスの２０１７年末の電気契約獲得数は約１００万軒。同社のガス顧客を約１１００万軒とすれば切替え率は約９%です。

ちなみに筆者の会社も登録事業者を目指しましたが、やはりハードルは高かったので、家庭用はＥＮＥＯＳでんき、高圧は「西東京電気」という登録商標を取得しＪＸＴＧでの販売です。筆者のＬＰ販売子会社の切替え率は約10%なので東京ガス並みの実績です。

都市ガス業界の自由化

都市ガスも大口は以前から自由化。2017年から家庭用も始まった

Point

◉最初の大口の自由化は1995年、年間200万㎥以上
◉ガス導管を所有しない業者の導管利用も2004年から可能になったが……

電力業界に遅れること1年。都市ガスの一般家庭用の自由化も2017年から始まりました。実は一般にはあまり知られていませんが、都市ガスも大口契約は以前から自由化されていますので、その歴史から解説します。

最初の自由化は1995年です。大口ガス事業制度が導入され、年間200万㎥以上が自由化されました。

第1章でもご説明した通り、都市ガスにおいては大口工業用割合が多いので、全体に占める割合は約49%にも及びました。そしてこの時に原料費等値上がりを末端価格に転嫁する原料費調整制度も導入されました。

1999年からは、年間100万㎥に引き下げられ、自由化割合は約53%になりました。この時は、料金値下げ改定の許可制から届け出制への移行も行われました。

そして2004年には、50万㎥（約57%）に引き下げられ、その公平性がどこまであるかは別として、「ガス導管事業制度」が創設され、導管を所有する会社以外の都市ガス会社も導管利用が一応可能となりました。

そして2006年には、年10万㎥（約64%）にまで引き下げられ、導管利用についても、電力の自由化の時と同様「**同時同量方式**」（151ページwords参照）も導入されました。

都市ガスは大口契約から段階的に自由化されてきた

	改正ガス事業法（1994年公布 1995年施行）	改正ガス事業法（1999年公布 1999年施行）	改正ガス事業法（2003年公布 2004年施行）	改正施行規則（2006年公布 2007年施行）	電気事業法（2013、14、15年改正）ガス事業法（2015年6月改正）
自由化範囲	大口ガス事業制度導入 200万m³以上自由化	自由化範囲の拡大 100万m³以上自由化	自由化範囲の拡大 50万m³以上自由化	自由化範囲の拡大 10万m³以上自由化	すべて
全販売量に占める自由化範囲の割合	約49％	約53％	約57％	約64％	100％
自由化の対象となる顧客の主な用途イメージ	大学病院、環境関連施設（ゴミ焼却場、下水処理場等）、大規模工場全般等	大規模商業施設、製造業全般等	大規模病院、シティホテル、中規模工場	小規模工場、ビジネスホテル、温水プール等	家庭用など一般
その他の主な法改正事項	大口供給制度の創設、原料費調整制度の導入	料金値下げ改定時の認可制から届出制への移行、大手４社への接続供給制度の法定化、選択約款届出制創設、卸供給の認可制から届出制への変更	ガス導管事業の創設、すべての一般ガス事業者・ガス導管事業者に託送約款作成・届出・公表を義務づけ、大口供給の許可制から届出制への移行、卸供給の届出制廃止	簡易な同時同量方式の導入、低圧導管までを対象とした託送供給約款の整備、自由化範囲拡大に伴う保安関連規定の改正	ガス小売全面自由化、ガス導管部門の中立性の確保、電力・ガス取引監視委員会の設置

この「同時同量方式」とは、電力なら送電線網、都市ガスなら導管網を他社が利用させてもらう時のルールです。

その供給量を十分満たす導管容量で繋がれていることが最低条件ですが、例えば東京ガスの導管を利用する横浜にあるA社が、東京にあるB顧客にガスを販売する際、例えば１時間ごとのB顧客の利用状況に合わせてA社が横浜の東京ガスのパイプラインに同量を送り込むというシステムです。

こうした導管利用が可能となりましたが、電圧と電力容量と周波数が合っていればいい電力に比べ、もし不適合なガスを流されてしまった場合の問題は、都市ガスの方がはるかに大変です。その導管使用料については、電力では解決済の複数社接続の場合の料金問題の解決には時間を要しましたが、東京ガス管内なら平均単価20・64円／㎥で決着し、２０１７年４月から一応スタートしました。

都市ガスの一般家庭用の自由化

関西圏の関西電力VS大阪ガスが活発。関東では東京電力が7月から開始

Point
◉新規ガス小売りの中心は大手電力会社
◉関西の切替え率は高いが、関東は約1％と低く、北海道・東北は始まってもいない

新規のガス小売事業者は実質14社

都市ガス自由化から9カ月を経た2017年末でそれはどこまで進んだのでしょう。

2017年4月から11月時点で登録された事業者は1372社（筆者調べ）。一見多いように感じますが、実は筆者の子会社も含め簡易ガス事業者2017年3月末時点での1345社も都市ガス会社同様に自動登録されているためです。その差の27社の内、新たに小売り販売を予定しているのは14社で、その筆頭が東京電力EP、関西電力の他、中部、九州、東北、四国などの電力会社です。

肝心のスイッチング数は

都市ガスの新価格については、各社でかなり幅がありますが、一番安いのは関西圏です。関西電力は、従来の大阪ガスの料金に対し、ガス単独で最大9％、電気とのセット割で最大14％も安い料金を設定しました。

最初からこの価格にしたのではなく、競争相手の価格を見て再度安い価格を設定したこともあり、激しい競争となりました。

一方、静かなスタートとなった関東圏では、東京電力EPの価格はガス単独で1年目こそ8％安ですが、2年目からは僅か3％安です。

words 【同時同量制度】ガス事業法では、託送供給は導管からのガスの払出量と導管への受入量の乖離が１時間あたり10％以内の範囲で託送供給を認める制度。ただし年間使用量が100万㎥未満は、事前作成の計画値を用いる「簡易な同時同量制度」もある。課題もあり、今後の見直しも検討されている。

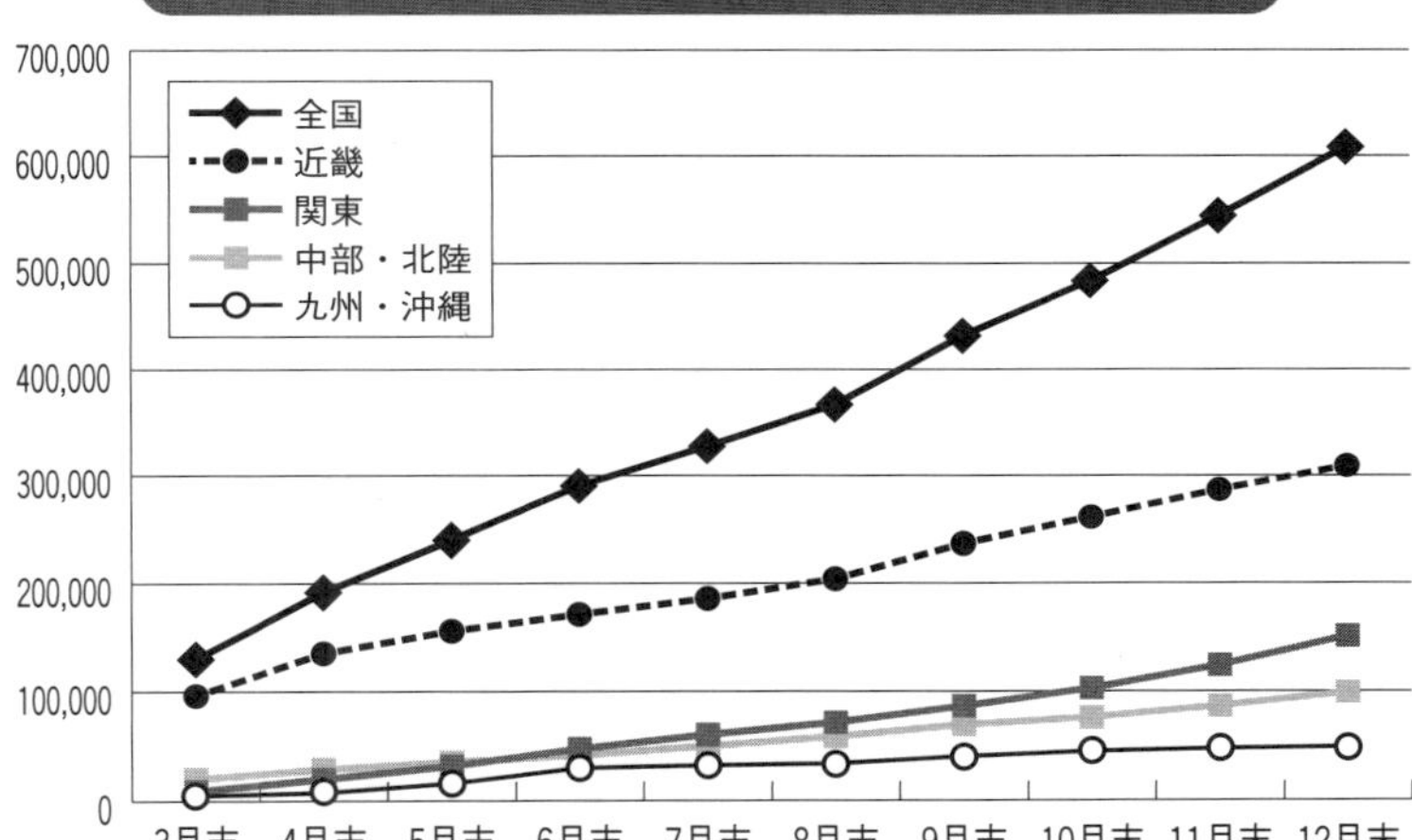

出所：資源エネルギー庁

ではその価格で、東京ガス、大阪ガスのお客様はどのような判断をしたのでしょうか。

都市ガスにおけるスイッチングは２０１７年３月の募集開始から、12月末までの実績で約61万件とグラフの通りです。

地域的には非常に差があり、近畿圏が一番多く、30万９千件と51％を占めています。

反面、関東圏では15万１千件に留まっています。東京ガスの顧客は約１１００万件なので切替え率は１・４％ですが、大阪ガスの顧客数は約７３１万件ですから、その切替え率は４・２％にもなります。したがって関西電力と大阪ガスの競争が激しいことがわかります。

その一方、中部では９万９千件、九州では４万８千件、また北海道、東北や四国では家庭用の新規参入者がないので、家庭用の自由化は、四大都市圏以外では事実上まだ始まっていないと言えるでしょう。

成功した電力の自由化と都市ガスの自由化の条件の違い

Point

◉都市ガスのパイプラインは貧弱。箱根の山さえ越えていない
◉産地により熱量の異なる天然ガスは、LPガスを混入し規定の熱量にする調整装置が必要

筆者の考える都市ガスの自由化が進まない5つの理由

実は都市ガスの自由化が電力ほど進んでいない理由は何か。正解かどうかはわかりませんので、あくまで筆者が考える理由です。

①高圧パイプライン網問題

電力は北海道から九州まで、容量は多くないものの、東西の周波数変換設備を介して、全国を繋ぐ高圧送電線網が一応あります。

一方、都市ガスの高圧ガスパイプライン網は、30ページの通り実に貧弱です。東京ガスの関東圏と仙台を繋ぐ、太平洋岸のパイプラインもありませんし、東京や神奈川から静岡に至る太平洋岸のパイプラインもありません。極端な話、箱根の山さえ越えていないので、横浜のＬＮＧ基地と清水基地の融通さえできないのです。

また東京ガスエリアで、ガスの同時同量をやるなら、当然東京ガスのパイプライン網に直接繋がるところに基地を持つ事業者でないとできないことがわかります。

②熱量調整設備問題

天然ガスは産地によってその成分に、かなりばらつきがあります。一番肝心なのは不純物がないことと、熱量が例えば13Ａの45ＭＪに合致しているかです。その調整には高い熱

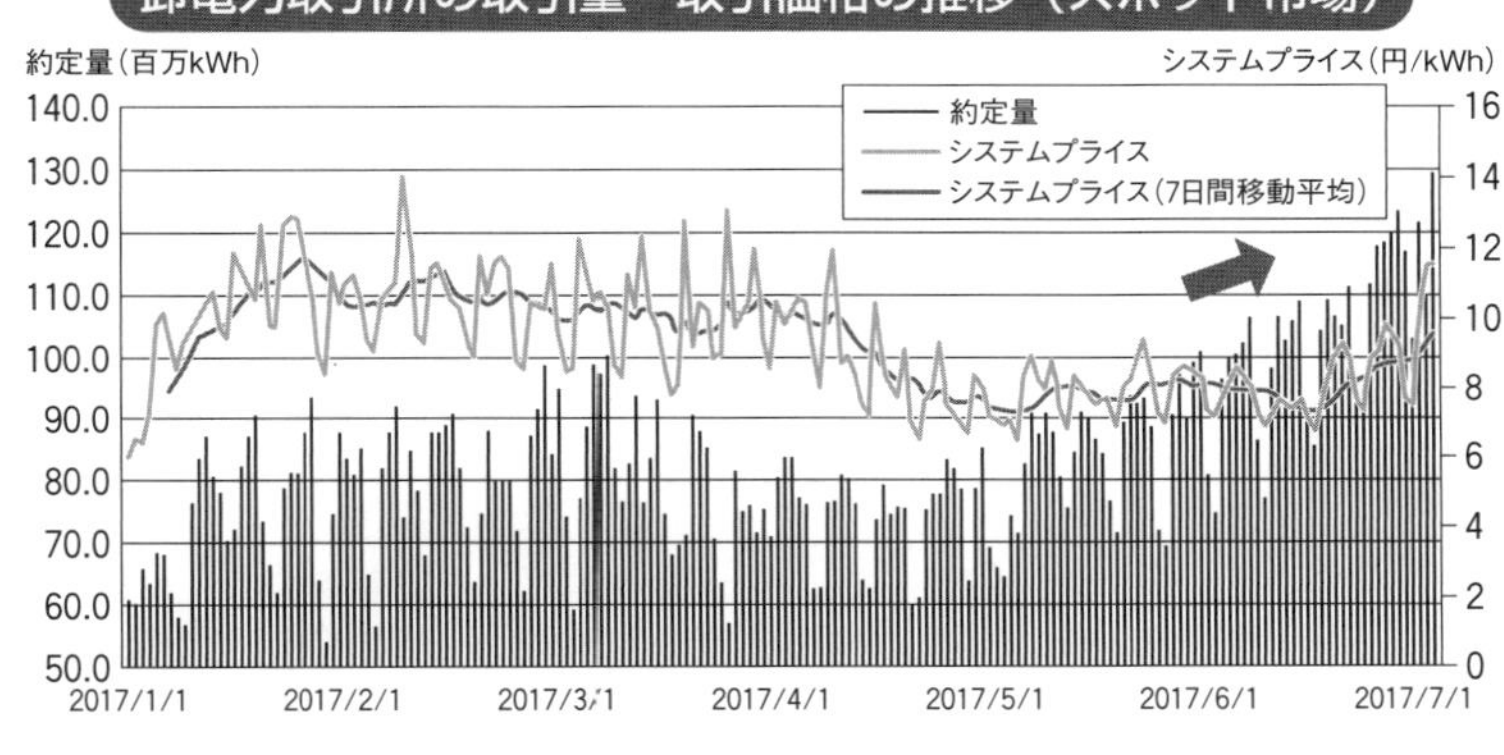

量を持つＬＰガスを混入しますが、その調整装置まで持つ会社は極めて少ないのです。

例えば石油業界のＪＸＴＧは、八戸にＬＮＧ基地がありますが、熱量調整装置はないので、地元都市ガスへの導管での参入は無理なのです。

③機能している卸売市場がない

このパイプライン網や物流網が貧弱なことが影響しているのか、都市ガスには、電気のような卸売市場がまだないのも大問題です。

グラフは電力の卸売市場での取引量とその価格単価です。２０１７年1月から7月までのデータですが、４月以降取引量が増えていることがわかります。逆に言えばこの卸売市場なくして同時同量の確保は大変です。

④ＬＮＧタンクの融通化問題

東京ガスがＪＸＴＧに貸し出す交渉があったと聞いていますが、私の知る範囲では、２０１７年12月現在まだ実現していません。

⑤保安問題

電気に比べガスは、ガス臭い。あるいは器具の故障がほとんどではありますが、「火が付かないから来て」というお電話が多いのは事実です。関西電力も岩谷産業と提携したほどです。

したがって、最後はこの保安問題の解決が都市ガス自由化成功の鍵だと思います。

地域独占と総括原価方式から卒業しても パイプラインの中立性が鍵

Point

◉総括原価方式がコスト感覚を麻痺させてきた
◉東京電力＋ＪＸＴＧ＋大阪ガスなど、地域と業界の壁を越える協業も始まった

都市ガスの完全自由化と言っても、東京ガス、大阪ガス、東邦ガスは自由な料金に加え、従来の認可料金の経過措置も残ります。

一方、東北の仙南ガスは指定解除基準を満たすので価格も自由に決められるようになると思います。

さて都市ガス業界の今後を考える時、鍵になるのはパイプラインの分社化とＬＮＧ基地の開放問題、上流ではＬＮＧの先物市場の創設などです。ガス事業法の話にもなりますが、読者に是非考えていただきたいと思うのが今までの「地域独占」と「総括原価方式」がいかに特殊な世界だったかという問題です。

地域独占はやはり大特権だった

読者の皆様は六本木ヒルズの中にある「六本木エネルギーサービス」というビルオーナーの森ビルと東京ガスが作った電熱供給会社をご存じでしょうか。

この会社は、六本木ヒルズの地下で５７５０ｋＷのガスエンジンを５基回して発電し、住宅部を含む六本木ヒルズ等に電気と熱を供給しています。震災時にも停電することはありませんでした。要するに東京電力管内に電気供給事業者があるですが、筆者は素晴らしいことだと思います。

words **【ミニバルクローリー】** 通常のLPガスタンクローリーは、受入基地等でローディングアームという可動式の配管に接続しないと荷卸しできないが、バルクローリーは、一般消費者に設置してあるバルク貯槽に直接供給できる加圧ポンプ、高圧ホース、接続ノズル等の設備を持つ。積載量3トン等小型をミニバルクローリーと言う。

これを都市ガスとLPガスに置き換えてみます。70戸以上のマンションにLPガスを供給すると簡易ガス事業になり、今まで都市ガスエリア内での新設は認められず、70戸未満に分割しないと供給できなかったのです。

正に地域独占の象徴ですが、これは明らかに消費者の利益の損失でしょう。

LPガスは大型物件の場合、バルクタンクを設置し、配送トラックではなく、**ミニバルクローリー**で供給するので、効率も良く末端価格も個別配送よりは下げられます。

写真は杉並区の筆者の会社の事例ですが、9戸なので実現しました。

▶駐輪場横に住民の不安なく設置されているバルク貯槽

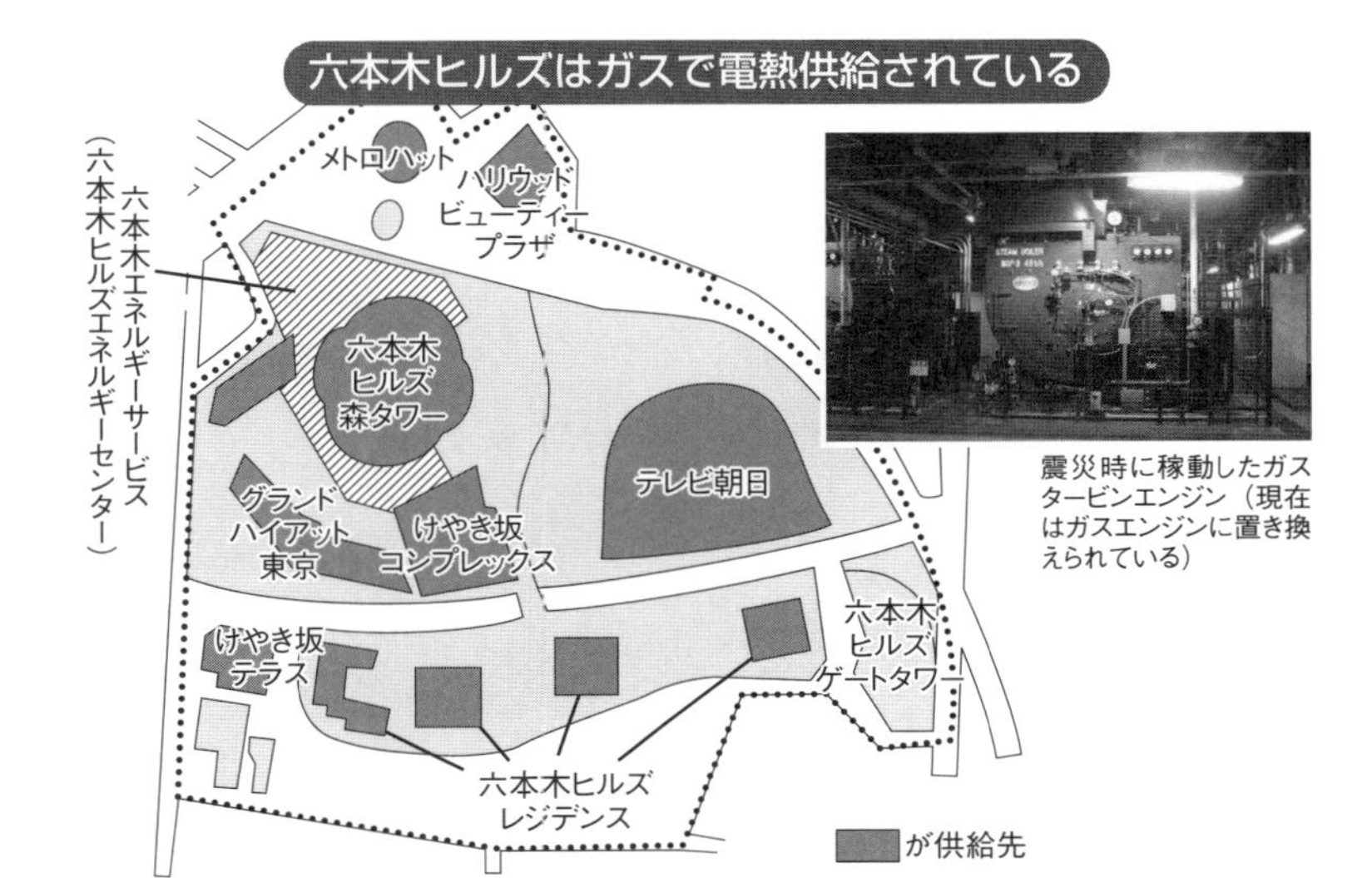

震災時に稼動したガスタービンエンジン（現在はガスエンジンに置き換えられている）

総括原価方式もやはり凄い特権

都市ガスの末端価格は、電力業界と同様に総括原価方式で決められていました。これはLNG等の原料費、LNGタンクの建設費や維持費、導管敷設費やその維持費、人件費などの原価に、一定の利益（事業報酬）を上乗せして料金を算出する料金決定制度です。

この総括原価方式は、LNGの開発プロジェクトやLNGタンク等、巨額投資を伴う事業には必要なシステムだと思います。

しかし原料を高く買っても末端価格に転嫁できます。コスト削減をすれば、そのぶん末端価格を下げることができるのですが、利益が増えるわけではないので、通常の企業で働く「安く買う。経費を削減する」という常識が、どうしても薄くなるという制度上の弱点があったのは事実です。

また企業の利益に対する概念も違います。

まずは事業に必要な設備が先にありきで、その資金の借入に必要な利息他が事業報酬で、資産や総経費に数％等の数値的割合で独占価格への転嫁が認められていたからです。

例えば電力会社の場合、火力発電より原発のほうが投資額は大きく資産規模も大きくなるので、結果として原発を後押ししたとの意見もあります。普通の企業なら最小の投資とコスト削減で利潤を上げようと思う常識とは異なる世界なのです。

２０１３年の都市対抗野球の準々決勝は、前年優勝のＪＸエネルギーと東京ガスの対戦となりましたが、私は、自由化ＶＳ総括原価方式の戦いとして応援しておりました。

また費用として話題になるのは広告宣伝費です。高額のテレビＣＭは総括原価の一つで、オール電化やガス器具のテレビＣＭは総括原価外とかなり複雑ですが、独占企業としての節度は求められると思います。

words 【東京ガスの2020ビジョン】東京ガスが震災後の2011年11月にまとめた2020年に向けての東京ガスが目指すべき姿を示している。原料価格の低減のための海外事業や、従来以上に災害に強く安全かつ安定したガス供給の実現を目指し、具体的には、日立ガス基地の新設や高圧幹線網の充実、低圧ブロックの細分化等がある。

エネルギー間競争は公正だったのか

同じエネルギー業界でも石油業界は、一部の備蓄費用やSS等で40年経過した地下タンク補助以外は、国からの補助はありません。

にもかかわらず、完全自由化で、需要減の中、国内競争を強いられ、そして海外からの安い輸入品にさらされ、消費地精製主義も揺らぎ、石油精製業は、その空洞化まで心配されています。

また第4章で示した通り、過去は環境対策の美名のもと、C重油がA重油となり灯油となり、そして工業用等の大口天然ガスの自由化による安値競争もあり、その工業用灯油さえ天然ガスに替わっていきました。

しかし改めて考えれば、地域独占と総括原価方式で守られた独占企業であった都市ガス会社と、石油業界との産業用エネルギー競争は、本当に公正になされてきたと言えるのでしょうか。今の電力業界、都市ガス業界が当たり前だと思っている方へ、一つの頭上シミュレーションをしてみます。

2つの特権の内の一つ、すなわち地域独占権が石油業界にあったとすればどうなるか。あえてありえない方で考えてみます。

関東圏と九州圏、それに関西圏は国内シェア50%をJXTGが収める。中京圏は昭和シェル、北海道は出光、東北はコスモ、四国は太陽石油が納入するという幕藩体制のような状態で地域独占が許されるとします。

当然業転もなく、末端は同じマークなので価格競争もない。石油業界は総括原価方式がなくても莫大な利益が出そうです。

しかし現実的には、公正取引委員会もマスコミも許さないでしょう。奮起した商社が、韓国からガソリンを製品で輸入して国内で販売させろと国を提訴するかもしれません。そのくらいこの特権は凄いことだったのです。

LNGタンクとパイプライン開放問題

今後の都市ガス業界の自由化を考える上での最大のキーワードは、ＬＮＧタンクの問題とパイプライン（導管）の別会社設立方式等の開放問題でしょう。

電力業界や都市ガス業界の方の立場なら、自分たちが作ったものをなんで競合するエネルギー会社等に開放しなければならないのかという基本的な疑問があると思います。

しかし地域独占権と総括原価方式を利用して作ったパイプラインやＬＮＧ基地は、やはり半分税金で作ったようなものと言えるでしょう。それは当然開放の対象となり、あとは、使用料の問題だと思います。

その一方、電力業界における「発電」には、火力なり自然エネルギーなり、また他の産業の排熱等を利用した様々な方法があり、発電業にはかなりの付加価値がありそうです。

しかし都市ガス業界の場合、ＬＮＧの輸入と貯蔵そしてＬＮＧのガス化等の事業は「発電」に匹敵する付加価値があるのか。答えはＮｏでしょう。そう考えると都市ガス事業は、①ＬＮＧの長期プロジェクトの確保、②輸入、貯蔵、ガス化、③高圧中圧パイプライン、そして低圧配管敷設、④末端のガスの小売販売、保安、検針の３事業、あとは⑤消費機器の開発で成り立っていると思います。

その中核をなすＬＮＧタンクとパイプラインを開放してしまったら、もはや都市ガス小売事業は成り立たないかもしれません。

高圧中圧のパイプライン開放と、さらに細かい約９割の低圧部の開放とは意味合いが違うとは思いますが、筆者としては、まずは高圧、中圧のパイプライン開放について、前述した品質問題を含め、オープンな場で、ガス会社のみならず、消費者の意見も反映して決めていくべき問題だと思います。

日本縦断のパイプラインは必要か

日本を縦断する天然ガスパイプラインは必要か。これは都市ガスというより日本のエネルギー国家戦略上の問題だと思います。

現在の日本は第1章30ページで示したように、そのパイプラインは貧弱です。

第8章で詳しく説明しますが、仙台市営ガスの供給基地である仙台LNG基地が津波で被災した時、その供給を救ったのは、日本海の新潟から仙台まで引かれていたパイプラインでした。

したがって一般常識から考えれば、パイプライン網はあった方がよいという結論になりますが莫大な費用が掛かります。例えば新東京ライン（頸城―軽井沢）142km は当時403億円なので3億円／km と聞いています。

東京ガスも東日本大震災を教訓とし、東京湾内に集中している3工場のリスク分散も考え、2020年に向けてのビジョンを発表。

その中の日立LNG基地は既に完成し、日立から東京まで高圧の茨城幹線を引く計画は、2020年度には完成するようです。

この他、扇島工場でのLNGタンクの増設や、地震や津波、液状化対策、そして長期停電時の操業継続のための費用も含めて5年間の投資額は7457億円とのことでした。

これが完成すれば細いながらも新潟東京間のパイプライン、2012年完成の鹿島千葉ライン、2017年完成の古河真岡幹線も含め、東京圏の都市ガス供給安定性はより向上しますが民間会社の採算ベースでは限界です。

その後は政府の主導の下、国が数兆円を負担し、国家戦略として、まずは神奈川と静岡を結ぶ太平洋ライン。愛知、京都、大阪、神戸圏等の大手都市ガス会社の供給エリアを繋ぐ巨大パイプライン網を整備する公共投資は必要なのかもしれません。

電気事業法・ガス事業法改正のまとめ

本章の最後に2013年より各事業法が改正されてきたその趣旨をまとめます。本改正では、電力、ガス、熱供給に関するエネルギー分野の一体改革を行うため、電気事業法、ガス事業法、熱供給事業法、経済産業省設置法等を改正し、①法的分離による送配電事業及びガス導管事業の中立性の確保、②小売電気料金・小売ガス料金の規制の撤廃に係る措置の整備、③ガスの小売業への参入の全面自由化、④ガス供給における需要家保護と保安の確保、⑤熱供給事業者に対する規制の合理化及び需要家の保護、⑥電力・ガス取引監視等委員会の設立を図る等の措置を講ずると明記されています。ガス事業関連は以下参照。

（1）小売参入の全面自由化
①家庭等へのガスの供給の自由化
②自由化に伴う事業類型の見直し
③LNG基地の第三者利用規定の整備
（2）ガス導管網の整備
①導管事業の地域独占と料金規制措置
②事業者間の導管接続協議の裁定制度
（3）需要家保護と保安の確保
①経過措置としての小売料金規制に係る措置（解除は競争の進展状況を確認）
②一般ガス導管事業者による最終保障サービスの提供
③ガス小売事業者に対する供給力確保義務、契約条件の説明義務等
④保安の確保
（4）法的分離による導管事業の中立性の確保
①兼業規制による法的分離の実施
②適正な競争の確保のための行為規制措置
（5）検証規定

以上の通り法律は施行されましたが、詳細は正に走りながら考える実行形なのです。

東電、JXTG、大ガスが組むガス供給のスキーム

業界と地域の垣根を越えた提携の実例

筆者の会社が所属するＪＸＴＧは、関東圏でＥＮＥＯＳでんきを販売しているので、東京電力とはライバル関係です。逆にＪＸＴＧと東京ガスとは以前より提携しており、その象徴が川崎天然ガス発電㈱なのだと思います。

ＪＸＴＧと東京ガスの子会社である同社は現在1・2号機合わせて約85万ｋＷにて運転中であり、年間ＬＮＧ使用量は77万トンに及び、さらに3・4号機の増設検討もされていましたが、２０１７年7月、系統接続費がネックでその増設の検討中止が発表されたのです。

関係者が驚いたのもつかの間、同年9月には、東京電力ＥＰとＪＸＴＧと大阪ガスが子会社設立を発表。東京電力ＥＰの持つＬＮＧタンクにＪＸＴＧの持つ川崎ＬＰガスターミナルからパイプラインを引き、大阪ガスの技術協力のもと、熱量調整装置を作り、13Ａの天然ガスを製造して、すぐ近くにある東京ガスの高圧導管網に繋ぐビジネスを始めるというのです。

社名は扇島都市ガス供給㈱。出資比率は東電69％、ＪＸＴＧ16％、大阪ガス15％。

事業内容は、都市ガスの製造・供給・託送で、気化された天然ガスに液体のＬＰＧを混入する熱量調整方式で、13Ａを製造。その能力は毎時２７０トン。原料のＬＮＧは東電が、ＬＰＧはＪＸＴＧがそれぞれパイプラインで供給し、２０２０年4月の商業運転開始だそうです。業界と地域の枠を越えた自由化の象徴です。

column

大手都市ガス会社の代理店の本音

さて第６章の最後に、別の視点から都市ガス業界の改革に対する意見をお伝えします。

筆者の会社はＬＰガスの小売りも行っているので、当然都市ガスの下請け会社や都市ガスの代理店、都市ガスのＬＰガス部門を扱う会社の経営者の友人も多くいます。

彼らに都市ガス会社の評判や本音を聞きました。日頃から大変お世話になっているであろう最重要取引相手なので、良好な関係で、感謝の言葉を聞けるのかと思いましたが、現実はむしろ反対でした。

企業規模も違うし、都市ガス会社は仕事を出す方、代理店はそれを受ける方という、立場の違いもあるのかもしれません。「誰に仕事をもらっているんだ」というような横柄な言い方はしていないとは思いますが、優越的な地位にあり企業規模も違い、発注者と受注者の立場の違いには配慮が必要のようです。

また利益を出す仕組みも違います。都市ガス会社は、会社が休みの時でもガスさえ使われれば利益は増えますが、代理店は、例えばガステーブルの修理や販売をした時のみ、その売上や工事費の１～２割が利益なので、その違いも大きいでしょう。

例えば、都市ガス会社が一顧客当たりの使用量アップのために、ガスファンヒーターの新規販売キャンペーン等をやったとします。

その目標という事実上かなり達成が困難な高いノルマを課していたら、代理店にとっては本当につらいでしょう。

その目標達成のために、器具は赤字販売を余儀なくされますが、使用量が増え、利益が増えるのは都市ガス会社だけ、などということがないことを祈ります。顧客に対する真の顧客満足は、代理店やその従業員の満足もあって、初めて実現できるものだと思います。

第7章

LPガス業界の課題と今後への対応

LPガス業界の課題①

高止まりする小売価格。都市ガスより高く、季節によって変動

Point

◉東京は全国平均より安いが、それでも都市ガスより約5割高い

◉輸入価格が季節によって乱高下。値上げも値下げも遅れ、結果的に高止まりしている

LPガス業界における課題の多さ

LPガスは一次エネルギーとしては非常に素晴らしい特性を持ちながら、国や消費者にそれが正しく浸透せず、小売価格も高止まりし、その結果、需要が伸び悩んでいるのは、誠に残念なことです。LPガス業界にも身を置く筆者としても深く反省をしております。

しかし東日本大震災や熊本地震において、災害に強いLPガスが改めて証明されました。

そしていつかは来る大震災において、都市ガスが導管供給という特性から、万一長期の供給停止となれば、それを救えるのはLPガスしかないでしょう。

その意味では、LPガス業界の根本的な改革は待ったなしで、未来の被災者からその改善を期待されているのです。

そしてその改革も、東日本大震災や熊本地震の記憶がまだ日本に残っている今こそが、チャンスだと思います。

LPガスの元売各社、商社、卸売各社、そして販売業者の皆様には、お叱りをいただく内容もあるかもしれませんが、本書の目的の一つでもあるLPガス業界における現在の課題と今後への対応策の提言をしてみたいと思います。

2017年10月価格でのLPガスと都市ガスの比較

	LPガス　基本料金		10m³	20m³	50m³
LPガス	全国平均		7,600	12,895	27,345
	関東平均		7,082	11,968	26,111
	東京平均		6,688	11,573	25,044
	北多摩西		6,132	10,627	23,513
都市ガス	都市ガス換算数量		24m³	48m³	121m³
	東京ガス		3,911	6,985	15,439
	うち基本料金		1,037	1,037	1,210
	北多摩価格差		2,221	3,642	8,074
	北多摩価格比		157%	152%	152%

※東京ガスの価格はＨＰより。基本料金は使用量によって異なる。
ＬＰガス価格は、石油情報センター調査より。単位：円

高止まりする末端価格とその理由

ＬＰガス業界の問題は多々ありますが、具体的な数字として表れているのは、末端価格が、長らく高止まりしていることでしょう。

２０１７年10月で、ＬＰガスの全国と関東、東京と筆者の地元北多摩の10㎥、20㎥、50㎥の平均販売価格と、熱量を等価にした東京ガスの数量と価格を比較してみます。ＬＰガスは１０９ＭＪ／㎥、東京ガスの13Ａは45ＭＪ／㎥なので、ＬＰガスの２・４２倍が必要です。従ってそれぞれ約24㎥、48㎥、１２１㎥となります。

結果は、表の通りです。全国よりも関東や東京、さらには筆者のエリア北多摩地区の価格が安いのは、都市ガスやＬＰガス業者との競争原理が働くからだと思いますが、それでも高いと言わざるを得ません。

その理由の一つは日本の輸入価格が次項の図の通り、一年の中でもかなり乱高下していることだと思います。冬場にかけて急騰した時はすぐには転嫁できず、様子を見たあと数カ月遅れで末端価格を値上げしますが、その遅れ分を取り戻すべく、輸入価格下落時も値下げ時期が遅くなり、値下げ幅も小さくなる積み重ねが高止まりの実態なのだと思います。

しかしそれも言い訳に過ぎません。

当局や業界はこの販売価格高止まりの問題を改善するため、販売事業者各社に、わかりやすい料金表や原料費調整制度がある場合はそれをＨＰなどで公開して、料金の透明性を高めるよう強く指導しています。

工事代金の立替えや個別配送の都合から、LPガス価格は高めに設定されてきた

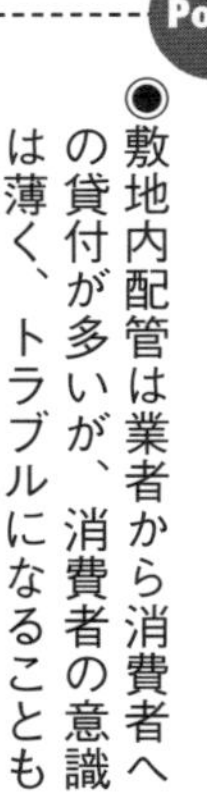
◉敷地内配管は業者から消費者への貸付が多いが、消費者の意識は薄く、トラブルになることも
◉共同配送センターに加入することで、実際の配送負担は大幅減

イニシャルコストの違い

ＬＰガスの小売価格が高いもう一つの理由ですが、まずは、イニシャルコストの違いがあると思います。

東京の郊外等、都市ガスとＬＰガスが多少競合する地区の新築一戸建てで考えてみます。

都市ガスは、自宅前の道路まで都市ガス本管が来ていたとしても、自宅に引き込むためには、十数万円から、場合によっては数十万円の費用が掛かります。ただし、建売物件なら、その費用は不動産価格に内在してしまうので消費者にはわかりません。

ＬＰガスの方も、本来ならお客様の敷地内配管は、工務店等から工事代金をしっかりいただくべきなのですが、お客様を紹介していただくという立場の弱さから、工事代金は業者が負担し、お客様には貸付するというのが業界の残念な常識になってしまいました。

場合によっては、給湯器等まで貸付に含まれることもあり、こうした負担のためにＬＰガス価格はどうしても高めに設定されます。

販売業者としては、工事費をいただけていないので、お客様の敷地内配管の所有権は、販売店にあるのですが、お客様はご自分の資産だと思っています。

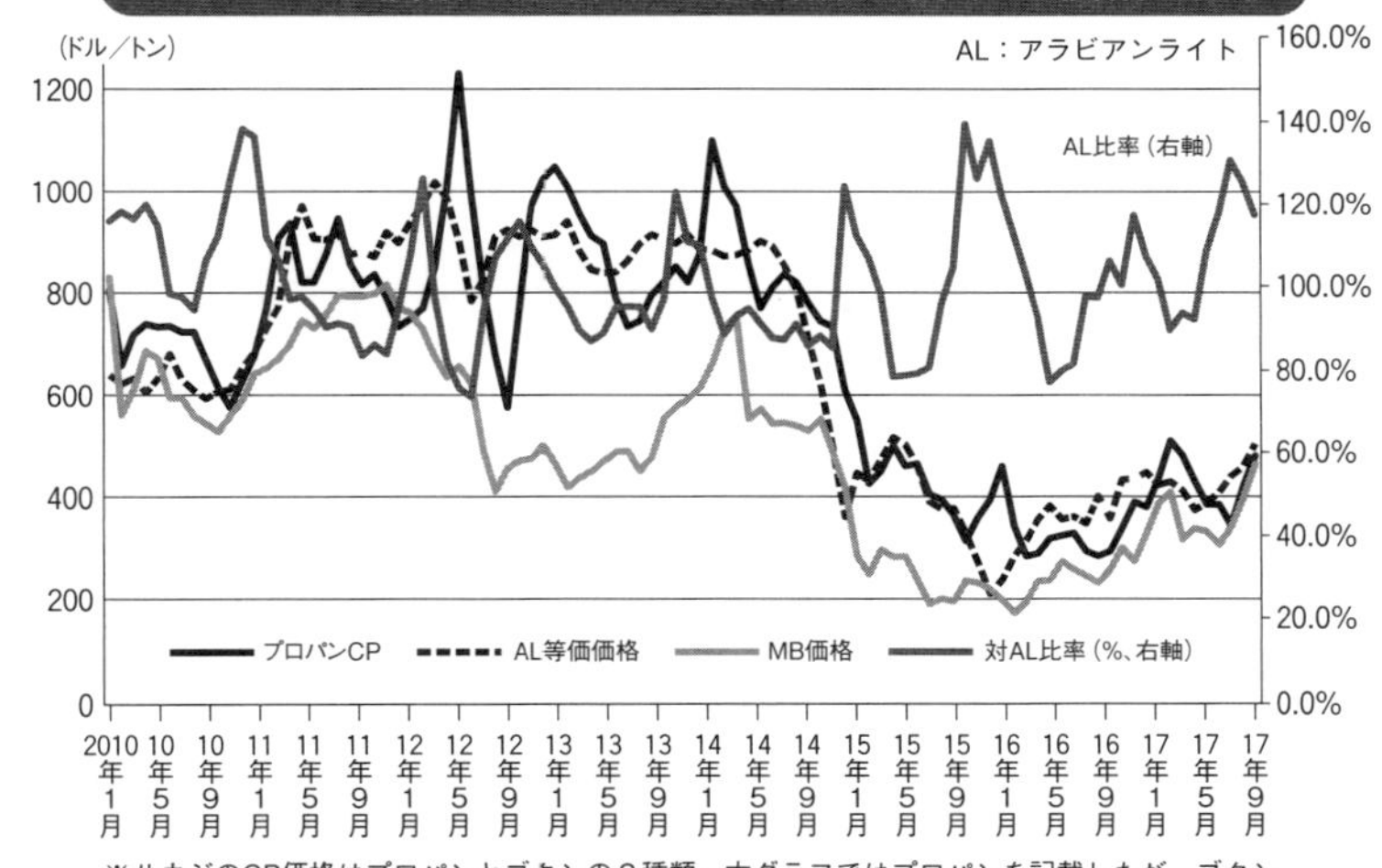

※サウジのCP価格はプロパンとブタンの２種類。本グラフではプロパンを記載したが、ブタンの方が熱量が高い分高額
出所：日本LPガス協会他

このままではトラブルは必至なので、この事実を明確にするため、供給開始の時にお客様に書面を交付することが法律で義務付けられています。これが、液石法第14条の「書面の交付」ですが、その内容は改定ごとに、より細かく進化しているように思います。

ただし交付だけでは、万が一裁判になった時には不十分なので、消費設備の貸与について契約書を交わして、一定期間内に契約を解除した場合には、残存簿価等に見合う解約時精算金の支払いを決めている業者もいます。

しかし10年等を経過し、配管費用の償却が終わると、その解除時の精算金等は発生しなくなりますが、ガス価格を下げない業者もあり、これがLPガス小売価格の高止まりの主要原因の一つになっていると思います。

さらにLPガスの全国平均小売価格は、都市ガスと競合する東京より常に高いので早期の是正が必要でしょう。

words 【共同配送センター】LPガス容器は実入りで100kg弱もある。当初は各販売業者が配送していたが、重労働からの解放という目的もあり、卸売業者が主体となり卸売業者の直売と傘下の販売店の配送を共同で配送するようになった。近年は、卸会社同士の配送センターの統合や共同運営事例もあり、コスト低減を成功させている。

個別配送が大変だった時代の名残り

LPガスは、各家庭の使用量等の予測をし、各戸別に配送計画を立てます。配送サイクルは長い方が配送費は安くなりますし、回収した容器も一本一本ガスを充填するので、使いきった空の方が良いのですが、これを突き詰めるとガス切れを起こすことになります。

このガス切れは、お客様に多大なるご迷惑をおかけし、信用を失えば、顧客を失うことにもなり、また緊急配送もコストが掛かるので絶対避けたい事態です。この最適解が、各卸会社の配送計画ソフトのノウハウです。

昭和40年代頃までは、各販売業者が個別に配送していましたが、昭和50年代に入ってからは、卸業者の設立した**共同配送センター**が、安全かつ正確、さらにローコストで運営されるようになり、販売店は順次配送センターに加入するようになりました。

これにより販売店名の入った個別容器からセンターの統一容器になりましたが、コストと労力は大幅に下がることとなりました。

しかしこのコストの改善がお客様に還元されたのは恐らく一部で、その多くは、販売業者の利幅増となったように思います。

一方、元売や卸業者の経営やその収益は、いつの時代も厳しかったのです。

この業界の利益が「販売店」に偏在することもLPガス業界が抱える問題で、早急に解決しないと、いつか有力卸業者から流通革命が起こるのではないかと心配されています。

以上、貸付配管や配送費用等、小売価格が高い理由を挙げてみました。業者の総論としては改革する必要があると認識されており、当局もそして業界としても指導しています。

しかし料金体系をどう決めるかは、個々の販売業者の自由なので、全体としては少しずつしか改善が進んでいないのが現状です。

words 【テレメーター（telemeter）】通称テレメ。ガス業界では、データ通信等の機能付きのガスメーターを言う。古くは顧客の有線電話回線、近年は携帯電話用電波やインターネットのLANやwifiを使う。地震時の供給遮断解除も遠隔で行える自動検針・集中監視システム。便利だがコストもかかるので普及率は2割台と決して高くない。

価格が高いことによる最大の弊害

小売価格が高いことに関し、実は誠に残念な出来事があります。それは20年前くらいから、その利幅の大きさに目をつけて、業界人とはとても言えない新規の業者が、業界に入ってきたことです。

ＬＰガスの小売価格が高い顧客に目をつけ強引に営業し、常識的には継続的な供給が難しいような超安値を提示し、既存業者から顧客を奪い取るのですが、何がしかのタイミングを見つけ半年から1年後等に、大幅な値上げをするのです。

ＬＰガス販売の法的資格を持った業者もいますが、なかには無資格の営業集団だけの会社もあります。この場合は、顧客を獲得後、その商権を買う別の販売業者を見つけ、１戸当たり数万円から場合によっては10万円程度で転売してしまうのです。

もちろんＬＰガス業界にも商権や営業権は存在しています。例えば後継者難で廃業した会社の事業の売買なら、どこの業界にも普通にある話です。しかしお客様の全く知らないところで、その供給権が、平然と売買や転売されているのは、やはり問題でしょう。

顧客自身がそれを知ったら業界全体が信頼を失うことにもなりかねないと思います。

しかしお客様には、正規な業者か灰色の転売業者かは、見分けがつきにくいのです。

突然解約通知をもらった納入していた業者が、もし配管を無償貸付していたとすれば、開始時に結んだ契約書に基づき、途中解約精算金を顧客に請求することになります。

お客様は、供給設備を借りていたことを初めて知らされ、最悪の場合は精算金が回収できないトラブルになることもあります。

業界としてはこのような転売業者に、つけ入るすきを与えないことが大切でしょう。

販売業者の経営品質の向上が必要

Point

◉配送センターや保安センター任せになり、保安台帳や容器台帳の整備が不十分な業者も
◉今後、販売業者は顧客との絆の深さが問われるようになる

ＬＰガス業界は、元売が11社に対して、充填や物流機能を持つ卸売業者は約１１００社、販売業者は約２万社あります。この２万社の経営品質の差が大きいのが問題です。

一例を挙げれば、法律に定められた保安台帳や容器台帳も整備が不十分だったり、その更新が遅れていたり、ガスメーターの使用期限に伴う交換工事が遅れていたり、要するに、顧客管理が不十分なのです。

なかには、お客様がガスを供給する販売業者の会社名すら覚えていない残念なケースもあります。

これは一部の不幸な例かもしれませんが、なぜこのような業者が、存在しているのか。

昨今それを業界では、「恵まれた不幸」と呼んでいます。原因は色々ありますが、配送は大手卸売業者の配送センターに任せ、４年に１回の保安点検も保安センターに任せ、毎月の検針はテレメや検針代行会社に任せ、請求書も卸会社の計算センターの発行で、集金は銀行の自動引き落とし。こうなると顧客との接点が薄いどころかほとんどないのです。

卸会社としては、各センターをご利用いただくのは大変嬉しいのですが、それは容器配送という重労働をしなくてよい代わりに、お客様との絆をより深くし、快適なガスライフ

words 【ガラストップコンロ】従来のガスコンロは、天板面とゴトクに凹凸があり、吹きこぼれた後などの焦げ付きの清掃は大変だった。この改善のため天板面をフラットにし、汚れにくいガラス等の素材を使い、ゴトクの脱着や清掃を容易にしたガスコンロ。天板の材質はホーロー等もある。Siセンサーで安全や省エネ性も向上した。

を送るための提案をしてほしいと思います。

しかし現実は、新規のお客様の開栓業務や書面の交付を卸の担当者に任せたり、販売業者にかかってくる電話を販売店の都合で卸会社に転送したりしている事実は、まさに恵まれた不幸です。

実は、前述のような各機能別のセンターを利用する料金はさほど高くなく、卸売業者の物流を担うローリー部門、充填所、配送センター、保安センター等の各部門は黒字を出すのに大変苦労しています。業界としての利益配分も、圧倒的に販売業者が多いと言えるでしょう。

もし業界内で流通革命が起きたら、最後は、サプライチェーンという物流機能を有し、対価に見合った付加価値を提供している業者と、顧客の信頼をがっちり得ている販売業者が一番強いと思います。

ガソリンスタンド業界のように誰も儲からない市況まで業界利益を吐き出す必要はありませんが、都市ガスと競争ができる価格を目指し、その価格でやっていける販売業者や、サプライチェーンを作った物流業者が勝ち残れる業界。これが本来あるべき姿だと思います。

幸い器具メーカーは素晴らしい商材をたくさん作っていますし、都市ガス向けに開発された商品は、ＬＰガス用にもあります。

省エネ時代にふさわしい高効率給湯機、快適な床暖房、浴室乾燥機やお風呂でのミストサウナなど提案商材はたくさんあります。

筆者の自宅のキッチンも12年ぶりに**ガラストップコンロ**に交換し家族も大喜びです。当家は都市ガスエリアですが、提案したのは都市ガスの営業ではなく私でした。

決して押し売りではなく、顧客のニーズを半歩先読みした、かゆいところに手が届く提案型の営業が求められていると思います。

卸会社も利益の源泉は直販部門。さらなる効率化が生き残りの鍵

Point

◉委託充填料だけで利益が出ている卸会社はごく一部
◉地域No.1同士で提携するなどして、安定供給とコスト競争力を確保すべき

全国にLPガス卸会社は約1100社あるといわれ、一社で十数～数百の販売業者を系列下においているケースが多いようです。ただしその利益の源泉は、実は卸会社の直売部門であるともいわれています。

例えば、一般的な委託充填料相場に、業界平均の年間総充填量を掛け合わせて計算すると、充填事業だけで利益が出ている会社はごく一部だと思います。

同様に配送センターも、業界の相場の単価に配送伝票の発行料や容器のリースコスト等をすべて含めて考えれば、やはり利益を出すのは難しいのだと思います。

私は、LPガス業界において最後に一番大切なのは、物流というか安定供給機能だと思います。ネット社会が進み、宅配便等で運べるものは、お店で選んでネットで一番安いものを買うのが当たり前になりつつあります。

しかし危険物であるLPガスは、音楽配信のようにネットでは提供できず、宅配便でも運べません。まさに安全な物流をローコストで完成させた会社が生き残れるのです。

従って卸会社が必要とする改革は、自社系列内の物流の効率化や、信頼のおける同業他社との提携で、物流の効率化を進め、地域No.1の取扱数量を確保し、安定供給力とコスト

words 【流通革命】販売業者が業界利益の多くを得ているにもかかわらず、その責務を果たさず、小売価格も下げず、結果としてＬＰガス需要が減少して業界が衰退してしまうなら、消費者のためにも有力販売業者や卸会社が、革命的な直売強化策を実行するのではないか。これを流通革命と称した。

▶◀筆者の会社・垣見油化の瑞穂充填所

1975年に共同配送センターを立ち上げた

競争力をつけることでしょう。

業界では約20年前から充填所と配送センターによる効率化が本格的に始まりました。合併新会社方式とか組合方式とか色々いわれましたが、そういう会社組織的な形態の是非ではなく、最終的には責任の所在がはっきりする方法で、地域No.1の会社になってその会社同士が相互に提携するのが、結果的にも一番良かったように思います。

また大手卸業者には、多角化して成功している会社もあります。ガソリンや灯油等エネルギー部門はもちろん、住宅建設やリフォーム事業は以前から行われています。昨今は、宅配水ビジネスも成功しているようです。

今後の最大の問題は、卸会社というよりは、配送会社も含めての問題ですが、若くて優秀な、そして営業もできる配送員を如何に確保するかです。超人手不足社会でどうしていくのか。本章最後に記載させていただきました。

LPガス元売会社に必要な改革

石油元売からの発想の転換や業界再編による競争力強化が必要

Point

◉かつて30数社あったLPガス元売は、業界再編で現在11社に

◉今後は、水素スタンド導入への積極的な取組みと水素社会への旗振り役を期待したい

精製設備を持たないLPガス元売

業界で使われている「LPガス元売」という呼び方は、実は法律で定義されたものではありません。

本家の石油元売の場合も、その定義はあいまいですが、精製設備を有するだけでなく、消費者に認知された自社ブランドの販売網を持っている会社とされており、精製専業会社や商社等の輸入業者（備蓄義務を含む）は、一般に元売とは呼ばれていません。

さらにLPガス業界の場合は、製品を輸入しているので精製設備もなく、また顧客まで元売ブランドが浸透しているとも言えません。

従ってLPガス業界で言うLPガス元売とは、もう少し広い意味で「LPガスを輸入し法的に定められた備蓄能力を持っている会社」を指し、具体的には、石油元売会社およびそのLPガス専門子会社や輸入専門会社、そして法的備蓄能力を持つ商社等です。

ちなみにLPガス元売の団体である、「日本LPガス協会」に加盟する会社は、2017年12月現在、11社となっていますので、本書ではこの11社をLPガス元売としました。

以下に大変僭越（せんえつ）ながらLPガス元売の課題と必要な改革を述べてみたいと思います。

words 【備蓄義務と輸入業者】特定石油製品輸入暫定措置法（特石法）の廃止により、石油製品の輸入は原則自由化されたが、品質管理義務と備蓄義務が定められた。従来は事実上、石油元売や石油精製元売だけだった備蓄義務だが、すべての輸入者に対して、70日分の備蓄義務が課せられることとなった。

①石油元売型からの発想の転換

資本の関係からＬＰガス元売会社のトップに石油元売の幹部がよく就任しますが、消費者へのブランドの浸透力やその物流をみても、石油業界とは全く違う発想が必要です。

ＬＰガス元売として本来の付加価値エネルギー商社を目指してほしいと思います。

②基地の統廃合を含めた業界再編と資源獲得競争力の強化

177ページの元売再編図の通り、大昔の30数社から現在は11社にまで再編されました。

しかし電力会社や都市ガス会社と対等に競うために、そして資源獲得力を持つために、さらなる体質強化を図ってほしいと思います。

③供給ソースの多角化・安定化・価格低減

従来は原油より高い中東依存度やホルムズ海峡依存度でしたが、近年は米国からの輸入が増え多角化と安定化は改善しました。あとは東アジアにＬＰガス取引市場の創設です。

④備蓄の弾力運用で輸入価格の低減化

これは備蓄法の改正が必要かもしれませんが、サウジのＣＰ価格が安い時に多く買い、価格の高い需要期には控えめにして備蓄を生かし、年間を通してＬＰガスの輸入価格の低減化を実現してほしいと思います。

⑤ＬＰガス需要開拓のための商品開発

具体的には、都市ガスエリア向けのＰＡ－13Ａ供給機器の普及、ＬＰガス自家発電機開発や輸入、卸会社等にはできない機器の研究開発は、元売会社の責務だと思います。また燃料電池開発や新技術による新たなる需要の創造も是非ともお願いしたいところです。

⑥系列店に対する各種指導、情報提供

系列卸会社も色々なレベルがありますが、例えば販売システムや省エネ診断システムは必要と思います。外部のソフト会社に外注するのも良いのですが、社内に各分野のエキスパートを育てることも重要だと思います。

⑦系列店の充填所再配置等の提案と調整

系列店同士では利害が対立することもあるので元売に仲人役を期待します。

⑧震災対策として重要基地の液状化対策

ＬＰガス元売だけの問題ではありませんが、例えば東京湾なら、湾内への漏えいを防ぐ液状化対策も順次進める必要があるでしょう。

⑨大都市直下型地震を想定した都市ガスエリアの避難所支援の計画策定とその準備

ＬＰガス容器を大量に持つのはＬＰガス業界です。中核充填所と協力して各避難所に、できれば１週間分のＬＰガスを届ける計画を事前に作っておくのが理想だと思います。

⑩水素社会への対応と水素スタンドの普及

第５章でも説明しましたが、日本に水素社会を構築すれば、エネルギーの輸入を減らし、国富の海外流出を防ぎ、国益にかないます。

オートスタンド業界も巻き込んで、水素スタンドの普及促進を期待します。

⑪一般社会に対する水素社会やＬＰガス社会の普及のメリット等の情報発信

ＬＰガス業界に限りませんが、歴史ある業界は、国民へのメッセージの発信が苦手です。例えばＩＴ通信業界の大手のＳ氏は、エネルギーのプロではないのに「夢」を語るのがお上手で、マスコミや自治体からも評判がいいようです。でもそれは本来、我々エネルギー業界がやるべきことではないでしょうか。

あくまで筆者の私見ですが、今までの規制の枠に囚われない大胆な発想の転換をして、世間にアピールしていくべきでしょう。

身近なことから申し上げれば、都市ガスエリアへのＬＰガスの供給です。

「ガス事業法があるから無理」とできない言い訳を考えるのではなく、どうしたらできるかを考えてほしいと思います。

ミクロ面での震災対策は第８章で説明する通りです。

LPガス元売業界再編の流れ

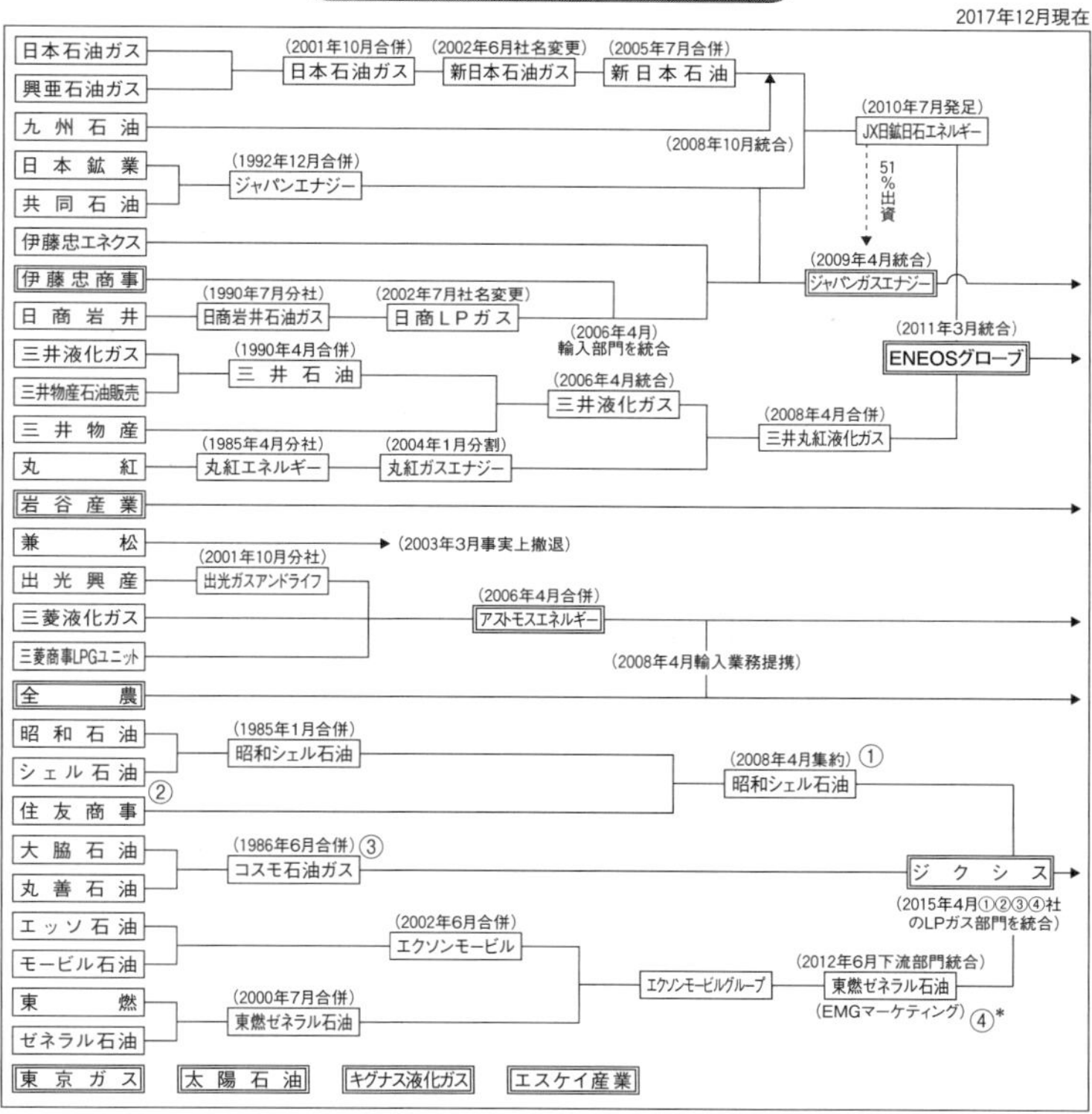

出所：ENEOSグローブ調べに筆者加筆　▭ が日本LPガス協会加盟の元売
＊東燃ゼネラル石油は2017年5月末日付で資本引き上げ

マクロ面で言えば、ＬＮＧはその物性から大量かつ安価な備蓄が難しいので、ＬＰガスでの代替備蓄等、過去の常識に囚われない大胆な発想、その提案力、情報発信力、そしてその実現力があれば、規制緩和は後から間違いなくついてくると思います。

上の図は、ここ20年のＬＰガス元売会社の再編の歴史です。

昨今のトピックスは２０１５年４月、東燃ゼネラル、コスモ石油、昭和シェル、住友商事の統合でジクシスができましたが、２０１７年の石油元売のＪＸと東燃ゼネラルの統合で、東燃ゼネラルはジクシスから資本を引き上げました（昭和シェルは出資割合を25％から20％へ低減）。

価格決定方式について

米国産の輸入増で見直しに。元売→特約店→販売店の卸価格決定方式

Point

◉サウジのCP、米国MB、日本着CIFの概ね3案から検討
◉業界の喫緊の課題は、労働人口減少下での配送員確保

米国産LPガス輸入割合の急増

第3章でもお話しした通り、2015年から米国産のLPガスの輸入数量とその割合は急増し、2016年度は37%と第2位のUAEの倍以上になっています。さらに2017年は、筆者の推定では50%に達する勢いです

それは原油以上にOPEC依存度やホルムズ海峡依存度が高かったLPガスにとっては、価格の上でも、エネルギーセキュリティー上も誠に良いことなので、米国産LPガスの輸入という道をつけた元売各社には深く感謝したいと思います。

ターミナルフィーって何？

ご存じの通りサウジのCPはほぼFOB価格なので、日本はあと船の運賃（フレート）と保険費用（インシュアランスコスト）だけを加算すればよかったのです。

一方米国のMBは、米国テキサス州の市場価格です。それを日本に輸出するには、パイプライン費や沿岸部でのタンク費用やLPGタンカーへの出荷設備などが必要でした。

これが通称ターミナルフィーと呼ばれ、1トン当たり約80ドルにもなり、フレートも中東との比較で約1・5倍もかかるのです。

価格は安くなったのか

以上のようにサウジのCPに対して、米国MB価格での輸入は、ターミナルフィー約80ドル、そして中東の約1・5倍のフレート差、そしてパナマ運河を通る場合には、往復で13ドルなどを合わせ、MB価格が120〜150ドル以上、安定して安い場合には、米国からの輸入にメリットがあると言われてきました。

しかし原油価格では既に米国と競争状態にあるので、サウジも黙ってはいません。日本入着のCIFベースで若干サウジのLPガスが安くなるような価格設定をしてきたのです。

167ページのグラフの通り、2015年以降は、CPとMBの価格差が200ドルを大幅に超えることは少なくなり、むしろ米国産の方が結果として高くなっているのが現状です。

LPガス元売各社の対応は

このような状況に対して、LPガス元売は、2017年にその卸価格決定方式の変更を相次いで発表しました。A社は1月、G社は4月、E社J社は7月からですが、サウジのCPを75%から70%。米国MB価格を25%から30%の割合で算出するそうです。

結果として直近価格では値上げになってしまう卸価格決定方式の改定だけに、当初は、従来のCP単独、MB一部導入、そして全輸入業者の努力の結果である日本通関CIF連動の概ね3案で検討されていました。

筆者はCIF連動派ですが、それだと日本に入着させず海外で赤字転売する場合の損失が反映できないそうですが、それなら黒字転売もあるでしょうと申し上げたところです。

私は一本化しなくてもよいと思いますが、業界としての一定の結論を待ちたいと思います。

深刻な配送員確保問題
若者から選ばれる職種にするには

今のＬＰガス業界において、最も深刻かつ一刻も早く解決しなくてはならない問題は、

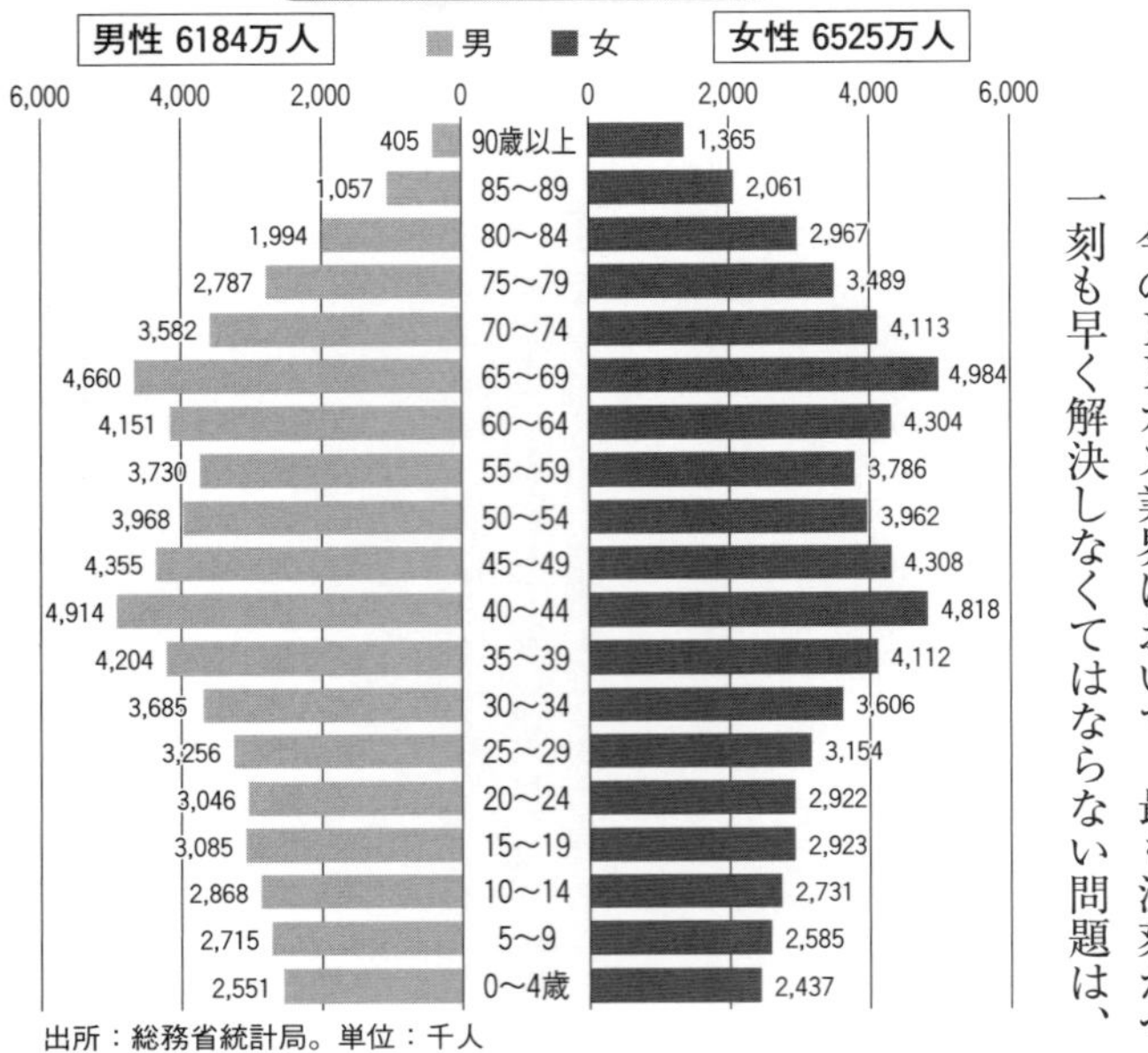

出所：総務省統計局。単位：千人

配送員の人手不足問題です。

業界の講演で、求人募集媒体は何がいいかとか、時給や年収はどのくらいまであげればよいかとかのご質問をいただきますが、もはやそのようなレベルでは解決できません。

その理由は上図の人口ピラミッドを見れば一目瞭然です。ＬＰガス容器は自重も含めると１００kg。それを運ぶきつい仕事を主に男性が担っていますが、これから業界に入ってほしい20～24歳男性は、40～44歳の５００万人に対して、３００万人しかいないのです。

例えばタクシーやハイヤーなら、極端な話60代でも始められるかもしれませんが、ＬＰガス配送員は40代でコツをつかんでおく必要があり、60歳では始められません。

人手不足は女性、高齢者、そして外国人で補うのが一般的ですが、これが通用しません。

業界として社員満足の向上に力を入れ、年収ＵＰも実現しなくてはいけないでしょう。

第 8 章

東日本大震災と熊本地震の教訓

——来るべき各地の大震災に如何に備えるか

エネルギー供給側から見た大震災

供給のハードと物流が大損害を受けたかつてないエネルギー危機だった

Point

◉東日本大震災では、製油所の被害等で国内生産能力の約1／3が一時的にせよストップ
◉LPガスは、ガソリン不足のようなパニックは起こらなかった

東日本大震災と熊本地震を改めて検証する

２０１１年3月11日に発生した東日本大震災は、日本にとってもエネルギー業界にとっても、間違いなく戦後最大の災害でした。

筆者も岩手、宮城、福島は講演等で何度も訪問させていただき、その縁で友人となった岩手のＳＳ経営者は津波の被害でご家族を亡くされたので、本当に人ごとではありません。

２０１６年4月、熊本大分地方で発生した大地震の被害は、直接の死者50数名、災害関連死は82名にものぼりました。改めて心よりお見舞い申し上げる次第です。

戦後最大のハード被害

それまでの日本が経験した最大のエネルギー危機は、オイルショックでしょう。

しかし冷静に考えれば、日本に輸入される原油価格が高騰し、その輸入数量が少し減少したという話で、国内の精製施設や物流施設が被害を受けた訳ではありませんでした。

しかし東日本大震災は、石油業界にとって、東北地方に1カ所しかないＪＸの仙台製油所（14万ＢＤ）が完全に被災し、同鹿島製油所（25万ＢＤ）の被害も甚大でした。

コスモ石油の千葉製油所（22万ＢＤ）のＬ

※BD＝バレル／日

words **【計画停電】** 輪番停電とも言う。電力需要が供給能力を上回ると予想される時、大規模な無秩序停電を避けるために地域を決めて計画的に行われる停電のこと。大規模工場に対しての供給制限等は過去あったが、病院等の重要施設も含め地域全体で行われたのは、東日本大震災直後の3月14日が初めて。3月28日まで続いた。

ＰＧタンクの火災は、マスコミにも大々的に報道され、大きな不安を招きました。

この３つの製油所（合計能力62万ＢＤ）の復旧には、数カ月から最大２年を要しました。

また震源地から遠い京浜地区の製油所も安全上すべて止まりましたので、一時的ながら国内の３分の１の生産能力が止まったのです。

さらに東北地方の沿岸部は、津波でエネルギーの物流施設が壊滅的な打撃を受けました。

それは電力業界においても同じです。

福島第一原子力発電所が、過去経験のない大事故を起こしてその機能を停止しました。

そして東京電力の供給能力が需要予測を下回り、首都圏での**計画停電**という日本が経験したことのない電力危機となりました。

要するにオイルショックのような価格と数量減の危機ではなく、エネルギー供給側のハードと物流が大規模に損なわれるという日本が初めて経験した危機だったのです。

筆者は石油業界の人間ですが、震源地から遠い、そして地震そのものの被害はほとんどなかった首都圏でも、ガソリン不足パニックが起こったことを大変重く受け止めています。

そしてその解消には、首都圏で２週間、被災地では約１カ月を要しました。

反面ＬＰガスは、綱渡り状態ではありましたが、首都圏でのパニックは避けられました。

その理由は、ＬＰガスはガソリンのように消費者が走り回って買いだめすることができないこと。最低限の在庫が軒先にあること。

また茨城県神栖市の20万トンの国家備蓄が無傷でその緊急出荷が業界人の不安を解消した等の複合要因だと思います。

本章では、東日本大震災の教訓とその後の対策が、２０１６年の熊本地震でどう活かされたのか。そして今後の首都圏直下型地震、東海、東南海、南海地震などに、どう備えたらよいのかを考えてみたいと思います。

東京・垣見油化での対応

ガソリン不足は2週間続いたが LPガスは3日後から充填・配送が可能に

Point

◉首都圏のガソリン不足の主因はタンクローリー台数の不足
◉自社ローリーを所有していたLPガスは、ガスターミナルからの出荷を受けて通常営業を再開

東京の筆者の会社での対応

筆者の所属する垣見油化は、東京にてガソリンスタンド5カ所を運営する石油部、末端消費者件数にして約10万件にLPガスを供給する石油ガス部、その他石油化学部門と不動産部門を持つエネルギー会社です。

石油部のガソリンスタンドは、地震による被害はなかったものの、元売から丸3日間、タンクローリーの入庫がなく、オイルショックの時にもなかった全SS在庫切れによる営業停止を創業以来、初めて経験しました。

このガソリン不足は約2週間続きました。

その理由は被災地への応援で、首都圏のローリーの絶対台数が不足していたようです。

石油ガス部は、西多摩郡瑞穂町にLPガス充填所と配送センターを有しています。

2本ある地下タンク容量は、東京都内では最大の合計140トン。石油換算の容量では、280kℓタンクなので、その大きさがわかると思います。

一日の充填数量は、冬場のピークなら最大100トン。従って140トンのタンクもわずか1・5日程度の在庫なのです。

しかし石油ガス部の強みは、自社で12台のLPガスタンクローリーを所有していたこと

でした。その燃料の軽油も不足しましたが、近隣の直営SSで確保しておきました。

またLPガスを配送する3トントラックの燃料は、LPガスです。弊社は、140トンタンクにつながった自家用オートスタンドがあるので、配送トラックの燃料の心配もありません。要するに、石油ガス部の供給は、元売が出荷してくれればなんとかなったのです。

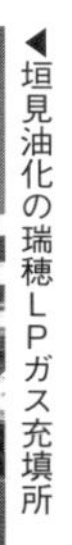

◀垣見油化の瑞穂LPガス充填所

そして肝心のLPガスですが、震災の3日後の3月14日、JX根岸製油所はまだ本格稼働をしていませんでしたが、ENEOSグローブの川崎ガスターミナルの出荷は14日から可能となりました。

14日月曜には3台、約30トン、そして15日火曜日以降は、ほぼ希望通りの数量が入るようになり、充填所としても安心してLPガスの充填と配送を再開しました。

しかしもう一つ、毎日の計画停電という難題がありました。しかしこれも20年前の大改装の時に、万が一と思って設置した非常散水用の自家発電機が役に立ったのです。

その発電能力は、充填工場の半分を動かす能力しかありませんが、夜など周辺が真っ暗闇の中で当社だけが操業を続ける姿は、消費者にも、そして同業の取引先からも絶大なる安心と信頼を得ることになりました。

やはり地域の基幹充填所においては、自家発電は必須要件だと思います。

当充填所は、自家発電機の他、必要な規定を満たし、2015年、東京都指定の災害対応の中核充填所となりました。

都市ガスの供給停止と復旧

供給停止は約46万戸にのぼったが、被害の大きかった仙台は約50日で復旧

Point

- ◉仙台は一次基地が被災し供給能力を喪失したが、新潟からのパイプラインにより供給再開
- ◉末端顧客の開栓作業には全国都市ガスからの応援が集結

⬇都市ガスの供給停止戸数と復旧状況

東日本大震災において、都市ガスの供給停止戸数は約46万戸でした。都市ガスの消費者数は、宮城県で約38万戸、福島県で約14万戸、岩手県で約7万戸の合計約59万戸なので、供給停止割合が大きいことがわかります。

そのうち最も大きな供給停止は、仙台市ガス局の約36万戸で、約2週間、供給区域のほぼすべての消費者への供給が停止しました。

普通、中度の地震では、各家庭のマイコンメーターの感震装置が作動することにより自動的かつ安全に停止し、その復帰も容易です。

しかし道路下の供給管の漏れまで起きると復旧工事を伴うので、多発の場合は供給開始までに時間を要することになります。

仙台市ガス局の供給停止はさらに深刻で、仙台湾のＬＮＧ一次基地である港工場が被災したので、大元が供給能力を失ったのです。

それを救ったのが、１９９６年完成の新潟と仙台を結ぶ天然ガスパイプラインです。

震災直後、このパイプラインを点検したところ、主要配管や基地のＬＮＧタンクには損傷が少なかったので、新潟からガスを送って3月23日より供給を再開できたのです。

しかし36万戸の開栓には、ガス漏れ等の安

全点検を各戸にしなければなりません。

この難題を救ったのが、全国の都市ガス各社との絆です。最大時２７００名が全国から応援に駆けつけ、被災した設備の修繕や開栓作業等を行ったのです。

東日本大震災後の都市ガス復旧状況

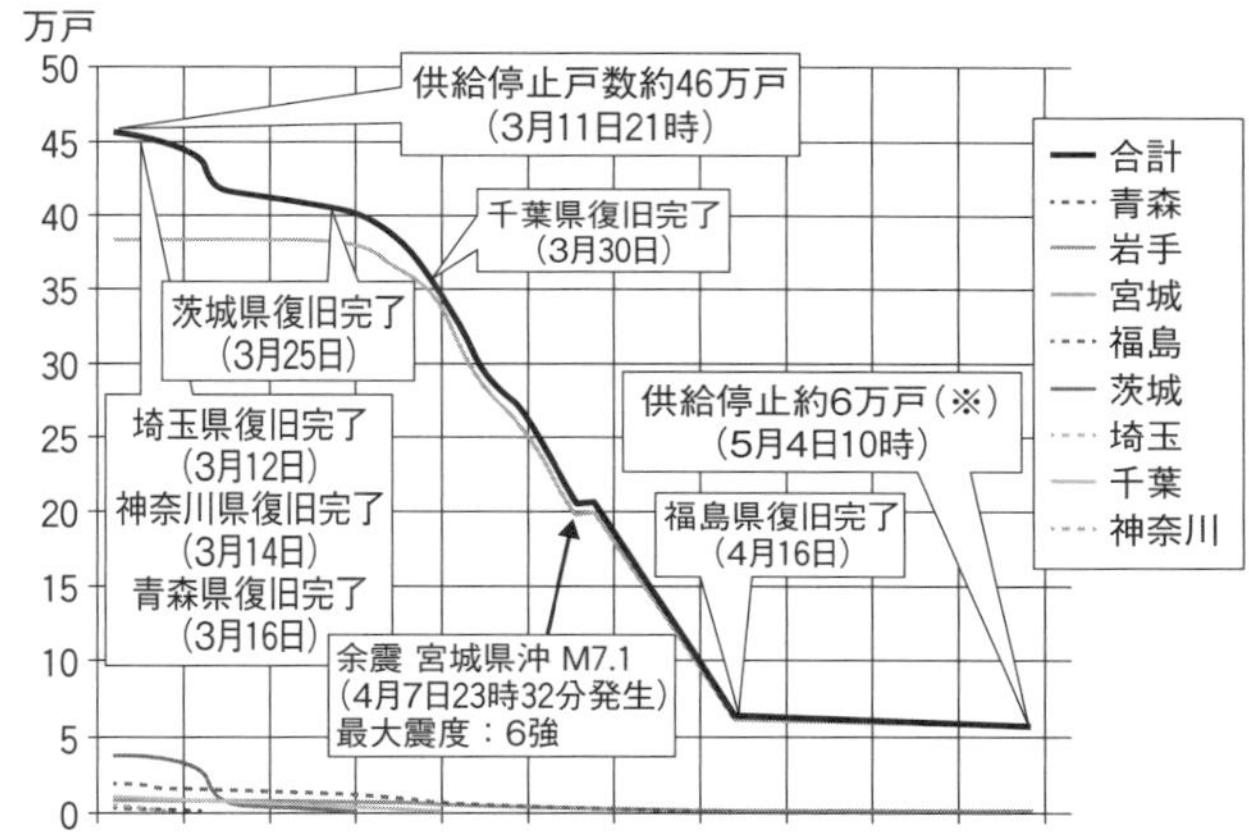

(※) 地震・津波による家屋倒壊等が確認された戸数を除き復旧完了。

LPガス（岩手県、宮城県、福島県）供給停止戸数約166万戸（3月11日）は4月21日家屋流出等地域を除いて供給可能

４月７日には、震度最大６強という本震と同規模の余震に襲われましたが、日頃の耐震対策が功を奏し、復旧作業に大きな影響は出ず、５月３日にはすべての作業を終えました。

仙台市内の建物が大丈夫だったお客様の話では、最低限の煮炊きは卓上用のカセットコンロでできたのですが、自宅のお風呂に入れなかったのが一番つらかったそうです。

お風呂好きな日本人の健康で文化的な生活には、ガスが不可欠なのです。

全国から駆けつけた開栓応援隊
写真提供：ガスエネルギー新聞

LPガスの供給停止と復旧

供給停止戸数は170万戸と多いが、10日で半数が復旧

災害に強かったLPガス

東北6県におけるLPガス消費者件数は、約250万戸です。そのうち震災で被害の大きかった宮城県は約76万戸、福島県は約48万戸、岩手県は約36万戸です。

震災直後におけるLPガスの供給停止戸数は約170万戸で、都市ガスより圧倒的に多いのですが、これは、東北地方における消費者件数が、LPガスの方が多いという分母の違いによるものです。

震災に対して今回の東日本大震災や阪神淡路大震災でも実証されたように、都市ガスよりLPガスの方が圧倒的に強いのですが、それは供給形態の違いによるものだと言えるでしょう。

都市ガスの場合は、数百戸、数千戸単位で導管供給しているので、一度供給が停止した場合は、まず各戸の閉栓を行い、その上で各戸の埋設管やガス漏れがないか等の安全を確認しながら、開栓していく必要があります。

それに対しLPガスは、配管が短く、また地中埋設管も少ないので、異常があれば修理も容易なのです。また各戸ごとの安全確認と開栓作業が可能なので、復旧時間が短いことが挙げられます。

Point

- 被害地域の東北では、圧倒的にLPガスの消費者が多い
- LPガスは安全確認が容易で、軒先在庫があるのが強み

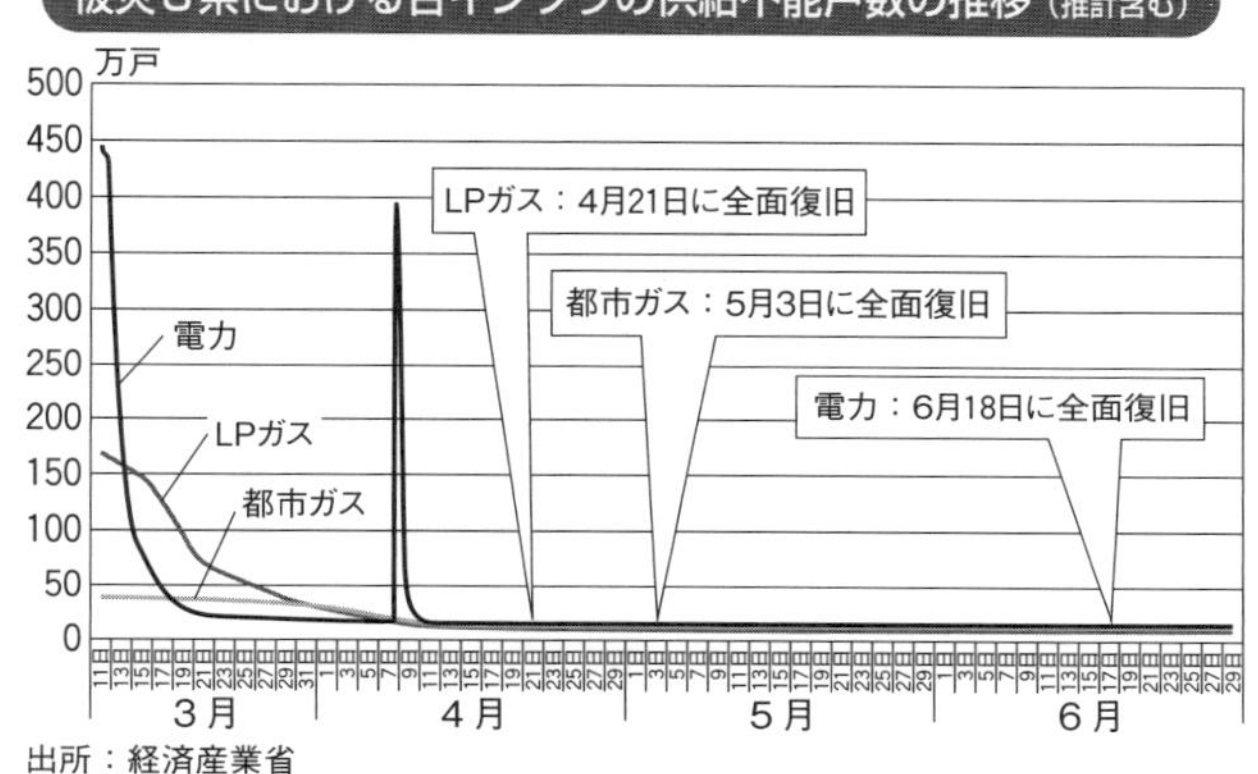

出所：経済産業省

最大の強みは軒先在庫があること

前述の仙台の例のように、都市ガスの復旧は、震災後10日たってから順次再開され、完全復旧までには53日かかっていますが、その間お湯は使えずお風呂もシャワーも使えません。

しかしＬＰガスは、図の通り約10日間で半数が復旧、その最大の強みは、軒先在庫があることです。

仮に半分残っていれば、半月から1カ月の生活はできるので、炊き出しや暖房のエネルギーとして大いに活躍したのです。

多くの人が集まる避難所では、炊き出し等で大量の調理用エネルギーを必要とします。

確かに電気も大切ですが、発電機で電気を起こしたとしても、大量の炊き出しはできません。やはりお湯を沸かし、料理を作るＬＰガスの存在は絶大だったのです。

またＬＰガスは同一規格なので、避難所のＬＰガスが切れても、被災した家庭からガス容器を持ち寄り急場を凌いだ例もありました。

各家庭レベルでは、カセットコンロが活躍しました。被災地の知り合いに送るために、被害がほとんどなかった首都圏でも、一時カセットコンロは手に入りませんでした。

やはり大災害の時は、最低3日、できれば1週間分の水、食料、簡易トイレ、そしてエネルギーを確保しておくことが大切でしょう。

熊本地震には活かされた教訓

地震被害は震度7が2回で想定外も、石油、LPガス、都市ガス、電気の対応は完璧に近かった

熊本地震のエネルギー被害

２０１６年４月、熊本大分地方で大地震がありました。直接の被害の死亡者は50数名。災害関連死が82名もいらっしゃるので、ご冥福をお祈り申し上げます。そのエネルギーインフラの被害と復旧は以下の通りです。

①九州電力47万戸の停電発生と復旧

九州電力の停電とその復旧ですが、まず14日の地震での停電はわずか1万4千戸です。それも15日夜までにはほぼ復旧しました。

そして16日のM７・３の本震では、47万6６百戸が停電となりました。

それでも翌日朝には約半分、夜には停電が10万戸を切るまでに復旧。20日19時には、全戸復旧しましたが、これはお見事です。

大規模な土砂崩れ等で高圧送電線は被害を受けているのに、どうして通電が再開できたのでしょうか。

それは高圧線の迂回供給ネットワークもありますが、電源車を派遣して供給するという最後のアナログ的対応でした。

九州電力で52台、全国の電力会社９社から提供を受けた電源車は何と１１０台、応援要員６２９名（九州電力発表）によって、その通電が支えられたのです。

実はこの電源車、本来は一時的な用途なので、すぐに燃料切れになったそうですが、石油業界と連携し、油槽所やＳＳからドラム缶などで補給し続け、電気の供給を維持し続けたと聞いています。

②西部ガス（都市ガス）の供給停止と復旧

この地域の都市ガスは西部ガスですが、その供給戸数は110・8万戸で、そのうち熊本県は11・3万戸です。14日の地震での供給停止は3・8万戸。直後に0・46万戸、翌日はわずか1123戸まで復旧しました。

16日の本震後は、停止が10・5万戸に拡大するも、10日後の26日は2・8万戸です。

24日時点で復旧要員は西部ガスから196 5名、全国応援隊が最大2676名です。

そのうち東京ガス1社で1300名と約760台の車両派遣の深い意味は、良くも悪くも後ほどご説明します。そして2週間後の4月30日には、ほぼ復旧しました。

LPガスは、熊本県内の世帯数約74万戸のうち約50万7千戸に供給しています。

うち都市ガス供給可能区域に約23万戸ありますが、今回も全壊家屋を除けば数日で復旧です。この対応は全国LPガス協会と熊本県LPガス協会がHPで発表しています。

水道の断水については、断水の定義があいまいなので時系列的把握は難しかったのですが、最大で43万戸が断水するも、24日時点で2万戸にまで復旧との記事がありました。

③16件と非常に少なかった火災件数

熊本地震は、全壊半壊が約3万軒と多かった割に、火災件数が16件と非常に少なかったのは嬉しい驚きです。真冬ではなく直火暖房の使用が少なかったこともあると思いますが、ガスはマイコンメーターによる緊急遮断や、LPガスにおいては噴出防止機能付き高圧ホースの設置があるとは思います。

しかし阪神淡路大震災時に火災原因と言われた「通電火災」を防止できたのは九州電力の英断でした。安全確認ができない場合は、宅内への配線を切断するという安全重視の判断で最小限に抑えられたようです。

東日本大震災時の首都圏と熊本地震

熊本地震より軽微だった
東日本大震災時の首都圏だが……

首都圏でのガソリンパニックの背景

こんなことは大変失礼とは存じますが、今後の大地震の対策を考える意味で、東日本大震災時の津波被害がほとんどなかった首都圏と熊本地震の状況を冷静に比較してみたいと思います。

●首都圏が熊本地震より軽微だった点

①SSやLPガス施設の物理的な被害はなし
②停電なし。3月13日からの計画停電のみ
③避難者は当日の帰宅難民のみ。翌日以降はほぼなし
④ガス・水道も問題なし。通信は当日深夜まで不通となったが、ネットは通じていた。そして交通のインフラは、当日夜の電車とバスは止まったが、ハードの被害はなし
⑤道路被害は、当日夜の大渋滞のみ。ハード被害は一部の液状化を除いてほぼ皆無
⑥LPガスも都市ガスも供給はほぼ問題なし

以上の6点は、熊本地震の熊本市街地より、はるかに軽微だったのですが、それでも首都圏のガソリンパニックは、最大2週間も続きました。

●首都圏が熊本地震より深刻だった点

①コスモ石油千葉製油所がLPGタンク火災で長期間停止した。従って他の京葉・京浜地区の製油所も安易に再開できなかった
②津波被災地では多くのローリーが流され、首都圏や関西から多くのローリーが応援に行った。その結果、首都圏のローリーの絶対台数が不足。首都圏SSの物的被害はないのに、営業ができなかった

熊本地震での停電戸数の推移と高圧発電機車稼働状況

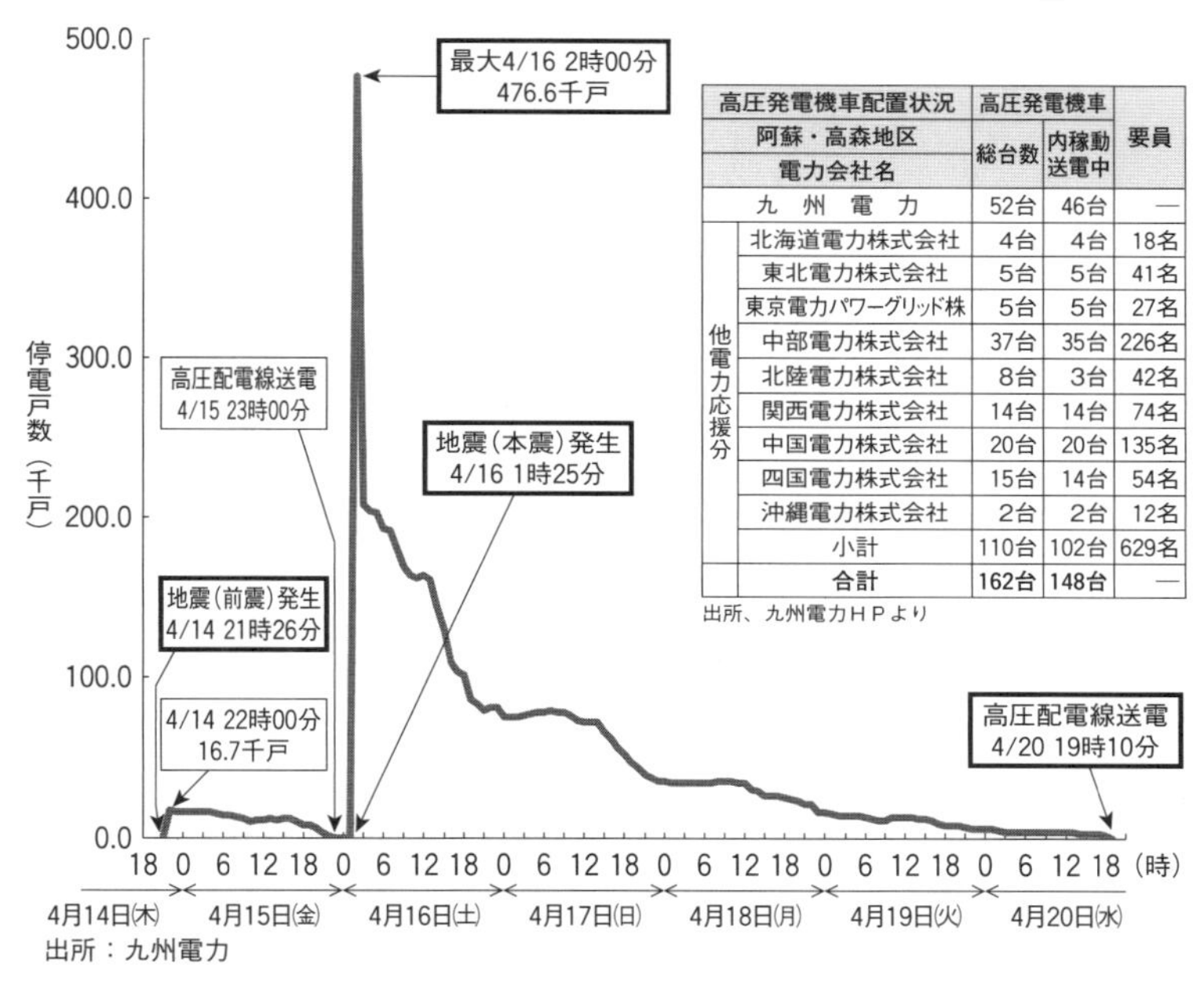

高圧発電機車配置状況		高圧発電機車		要員
阿蘇・高森地区 電力会社名		総台数	内稼動送電中	
九　州　電　力		52台	46台	—
他電力応援分	北海道電力株式会社	4台	4台	18名
	東北電力株式会社	5台	5台	41名
	東京電力パワーグリッド株	5台	5台	27名
	中部電力株式会社	37台	35台	226名
	北陸電力株式会社	8台	3台	42名
	関西電力株式会社	14台	14台	74名
	中国電力株式会社	20台	20台	135名
	四国電力株式会社	15台	14台	54名
	沖縄電力株式会社	2台	2台	12名
	小計	110台	102台	629名
	合計	162台	148台	—

出所、九州電力ＨＰより

出所：九州電力

要するに、ＳＳはガソリンが供給されなければお手上げなのです。もちろんタンクの大型化という対策もありますが、仮に10kℓ増でも、数時間長く営業ができたという程度の話で、私の結論は深刻なものとなりました。

首都圏で震度7が2回の直下型地震が発生し、東京電力の約２０００万軒の契約のうち、たとえば５００万軒が停電したとします。

また東京ガスの顧客数１１００万軒のうち、仮に３００万軒が供給停止になるとします。

その時、熊本地震の時のように、全国から電気やガスの応援隊は来られるでしょうか。

その参考となるのが、熊本地震の時に全国から集まった応援隊の東京ガスの割合です。

全国応援隊２６７６名のうち東京ガス１社で１３００名なのです。首都直下型地震時に全国からの応援は期待できないのです。お叱り覚悟で言えば、復旧に電気は最低1カ月、都市ガスは3カ月かかるかもしれません。

来るべき大震災に向けて①

LPガス業界への提言——筆者の考えた10の対応策

筆者ごときが誠に恐縮ではございますが、震災への対応策を提言してみたいと思います。

①電力損失対策としての自家発電機の整備

LPガス基地の全機能の稼働能力とは言わないまでも、通信やシステム、そして出荷能力の半分を動かす能力は必要で、卸売業者の充填所や、販売拠点においても同様です。

②複数の通信手段の確保

3・11の首都圏でも固定電話や携帯電話は、一時使えませんでした。重要な拠点には、衛星電話やMCA無線の設置は必須です。

③津波対策と液状化対策

LNGやLPガスの一次基地や製油所等が沿岸部にあるのは宿命ですが、最低限の津波対策は必須で、電源装置やコンピューターシステム等は最上階に移設すべきです。

首都直下型地震では、津波より液状化の方が心配です。原油や製品タンクが液状化で破壊され、防油堤にもひびが入れば、東京湾に油が流れ出し、それに引火したら気仙沼で起きたような海上火災が発生します。

④ローリーの出荷基地への入構問題は解決

平時は、一カ所の基地とのピストン輸送なのですが、震災を教訓に、複数の基地に入構できるような教育や車両登録は必要です。

実は日本LPガス協会がLPGタンクローリーデータ管理システムを構築し、2013年より緊急時は系列を超えた対応ができるようになりました。

words 【コジェネレーション (cogeneration)】内燃機関、外燃機関等の動力だけでなく、その温熱も利用するシステムのこと。総合エネルギー効率を高めるのが目的。一般的に、動力での発電効率は40%台だが、排熱も利用することにより、80%以上の総合効率が可能となる。熱電供給システムとも言う。

⑤ＬＰガス中核充填所の整備要件の拡大

災害時に地域のＬＰガスの拠点となる中核充填所を増やしていくことは必要です。

平時は使わない自家発電機を民間企業の資金で整備するので、補助率をより上げ、損金一括算入などの促進策も必要です。

⑥非常時における顧客データの共有化

顧客へのＬＰガスの配送や保安点検には顧客データは必須ですし、同業他社の応援も顧客データがあって初めて可能になるのです。

ＬＰガス販売店の被災などに際し、非常時は、顧客データの氏名住所と販売店名を公的団体で把握対応する必要があります。

県のエルピーガス協会等、公の場所で保存しておく必要はあるでしょう。

⑦仮設住宅へのＬＰガス供給問題

平時にその基準を作るのがよいでしょう。

⑧ローリーや配送車の燃料調達の問題

軽油やオートガスの調達か備蓄を検討。

⑨病院や学校、公共施設でのＬＰガスの利用

東京の都心の学校でも、避難所の指定ならば、平時から例えば理科室だけはＬＰガスを使用。校庭の端にはバルクタンクを設置し、お湯も沸かせる**コジェネレーション**型の自家発電機を設置するのがベストでしょう。

⑩ＰＡ-13Ａ設備の設置の検討

都市ガス供給地域における避難所対策として前述の⑨が難しい場合は、ＬＰガスで疑似都市ガスが作れるＰＡ-13Ａ（199ページ写真参照）の設置は有効です。

都心部への50kgボンベの供給はコスト的に難しいかもしれませんが、まとまった数量を運べるミニバルクローリーなら筆者の会社の拠点からも都心への供給は十分可能です。

来るべき大震災に向けて②

都市ガス地域での震災対応——「復旧まで3カ月」を覚悟した対策を

Point
◉LPガスより石油タンクの被害が問題。海上火災になれば数カ月、都市ガスは来ない
◉LPガスによる自家発電の準備や地域での避難体験訓練を

ガスタンクの在庫では災害時、全消費者への供給は不可能

東京ガス管内は、高圧配管が大きく東京を囲むように配備されて、その中を25の中圧ブロックに分けた地域に、20の巨大ガスタンクを設置して供給しています（第6章参照）。

東京ガス関係者へのヒアリングからの私の推測によれば、高圧配管と中圧配管は、震度7強でも、極端な話、道路が崩落しても耐えられる配管強度だそうです。

そして病院等重要な施設には、その中圧配管で接続されているので、優先的に供給できるのだそうです。

しかしその20カ所の巨大ガスタンクでも、残念ながら全消費者に供給をするほどの在庫容量はないそうです。

もし大元の供給4工場の操業が止まったら、病院や避難所等の供給を優先する一方、一般家庭や大口工場等への供給は止めて、大元の4工場の復旧を待つものと思われます。

では肝心の沿岸部の4工場は大丈夫なのでしょうか。東京湾内の津波は、その湾の形状からして最大でも3～5ｍまでと思われるので、何とかしのげるでしょう。むしろ筆者が心配するのは液状化の方です。

ＬＮＧタンクは、地中深くまで基礎が入っ

words 【LPガスによる自家発電】LPガスの自家発電機器は各種市販されている。小型の、カセットボンベで発電する100V850Wのものから、エコウィルという商品名の1kWタイプは2.5kWの熱出力も可能。避難所の規模に合わせて、平時より設置しておくのが望ましい。

ているので、少々の土が流出しても大丈夫だそうです。万一、軽微なヒビが入ってそこからLNGが漏洩しても、マイナス162℃という温度のお陰で周りの地下水が凍結し、それ以上の漏えいは短期間なら防げるようです。

しかし本当の問題は、前述のように原油や石油製品の地上タンクの液状化で、タンクに亀裂が入り防油堤内に漏れ出し、その防油堤も液状化でひびが入り、東京湾に油等が漏れたら、東日本大震災のような海上火災になるかもしれません。そうなると、もはや都市ガスエリアの一般顧客は、数カ月間、都市ガスは来ないと覚悟する必要があると思います。

仮にそこまで被害が拡大しなくても、仙台での36万戸の復旧に53日を要したのですから、もし首都圏で仮に300万戸が一旦供給停止となれば、その開栓作業は、少なくとも3カ月以上はかかるという覚悟が必要でしょう。

一般住民も含めて防災教育を

筆者も子供を持つ親として、年に2回くらいは、学校でお泊り形式の避難所体験訓練を楽しくやるのが良いと思います。

学校の先生にとっても訓練なので、系統電力や導管の都市ガスを使わず、**LPガスによる自家発電**と、その時発電した電気と発電時の熱で沸かしたお湯でお風呂に入るのです。

夕食等は、自分たちで炊き出しなどの手伝いを体験する。夜は、キャンプファイヤーにしてもいいかもしれません。そして半分楽しみながらで良いので一晩泊まるのです。

夏と冬では教室に寝泊まりする環境も全く違うでしょうから、できれば、小学校4年生は夏休み前、小学校6年生なら、あえて寒い冬休み前に行う。このように日頃から防災意識を高め、親も地域も一体となった避難所生活体験訓練は、是非とも必要だと思います。

個人宅での震災対応

都市ガス地域ではLPガスボンベや同カセットコンロを準備したい

Point

- ◉ライフラインの復旧には最低3日、最大3カ月かかる
- ◉最低1週間分の食料や水を備蓄、電池式の灯油ストーブなども用意しておきたい

個人宅でも最低限の備蓄を

最後は個人としての防災対策の提案です。建物が倒壊しない震度7弱程度にとどまれば、家や建物はそのまま使えるでしょうから、電気や都市ガス、水等ライフラインの心配をすればいいことになります。

しかしその復旧には、最低3日、広範囲の首都直下なら1カ月（最大3カ月）はかかるでしょう。そうなると各家庭では、最低1週間分の食料や水等、そしてカセットコンロやそのコンロ用のLPガスボンベ等の確保が必要です。

我が家は都市ガス地域なので、電池式の開放型灯油ストーブを1台確保しました。使い方の確認も含め、私の部屋で使ってみましたが、着火時の匂い以外は非常に快適です。やかんを載せれば、お湯も沸かせますし、お餅も焼けるので、LPガスカセットコンロとともに、一家に一台は必需品です。

しかし避難生活が1週間を超えてお風呂も入りたいとなると超法規的措置というか、自己責任でPA-13Aを用意しておくことを真剣に考えております。是非安価な売切り型のLPガスと空気を混合して簡易的に都市ガスを作る設備を商品化してほしいと思います。

words **【電池式開放型灯油ストーブ】** 簡易なガス暖房や灯油暖房と言えばファンヒーターが一般的だが、100V電源がないと作動しない。冬場の震災対策を考えるなら、電池式の着火でモーターファンも不要な自然対流式の灯油ストーブは、一家に一台、是非常備したい。やかんを載せればお湯も沸かせ、餅も焼ける優れものである。

■MGC900GB/GP（三菱重工業㈱）

ガス燃料発電機。定格850VA、カセットボンベのほか、5kg容器に接続して約10時間の使用が可能（LPガス容器に接続して使用する場合は、付属の専用レギュレーターが必要）

■炊き出しステーション（岩谷産業㈱）

安全面に配慮した実用性の高い炊き出しセット。同時に50～120人分の調理が可能で、収納時もコンパクトに。

■高度型災害対策用バルクユニット「JSS-GE」（富士工器㈱）

公民館や学校等の緊急避難所用に災害対応バルクと発電機（10kVA）を併設、停電と同時に自動的に運転を開始して電気を供給することも可能

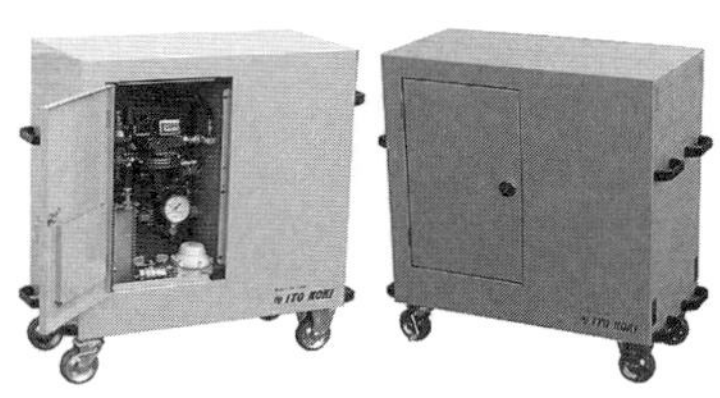

■LPガスによる疑似都市ガス発生装置「PA-13A8」（I・T・O㈱）

供給能力4㎥/h（69.8kW）重量25kg
標準発熱量62.8MJ/㎥（15,000kcal/㎥）
都市ガスが供給されない緊急時等にLPガスで13Aの都市ガスを疑似的に発生させる装置。現時点では緊急用。

column

瑞穂充填所の防災対策はオンリー1

筆者の会社の瑞穂充填所は、2015年に東京都指定の中核充填所となりました。その供給件数は約10万件なので地方都市ガス並みの社会的責任を負っていると思います。

そのため、防災訓練には特に力を入れており、2015年からは、取引先のみならず、業界やマスコミ関係に公開して行っております。

訓練想定は事前周知型です。震度７強の地震が発生。２階事務所で倒れた棚に挟まれ逃げ遅れた負傷者あり。充填所容器置場より50kg容器が転落。バルブが破損しガス漏れ中。中核充填所として東京都LPガス協会よりMCA無線にて緊急出動の要請が入る。タンクヤード元弁配管付近ではガス漏れが発生。その対処中に震度７の余震が発生し漏れたガスに引火して火災発生――という複数の問題が同時発生する現実的な厳しい想定です。

地震直後に緊急遮断弁の作動は確認済み。漏えいしたガスは配管内に残った量なので、散水と消防の放水により数分で鎮火の想定です。福生消防署の全面協力もあり、２トンの水を放水した写真は、誠に感慨深いものです。

当充填所は設計時から災害対応を意識し、地下タンク、液中ポンプ、タンクローリー受け入れ施設、回転充填機、電力も東京電力と自家発電とすべてダブルシステムとしました。

災害に強いと言われるLPガスも我々の操業が大前提です。開所以来40数年間。東日本大震災時の計画停電の際も自家発電で操業を継続ができましたが、今後も安全操業を続け、エネルギー供給者としての社会的使命を果たしていきたいと思います。

第 9 章

将来に向けて日本のエネルギーを考える

21兆円に膨らんだ廃炉・賠償・除染費用。なぜ新電力までがそれを負担するのか

Point

◉東日本大震災で崩れた根拠のない安全神話
◉稼働開始以来20数年でわずか255日しか正常運転できなかった「もんじゅ」は廃炉に

原発のコストは安くなかった

日本のエネルギー問題を考える時、原発をどうするかは最初に考えるべき問題です。

原発の長所は、炭酸ガスを出さず温暖化対策になり、建設できればランニングコストが安く、ウランを輸入しておければ、分類上国産のエネルギーだということでした。

しかし東日本大震災で、根拠のない安全神話は完全にくずれました。安いはずの発電コストは、2004年試算の5・3円から2011年試算で8・9円以上、2015年試算では10・1円以上と発表されました。

2013年に約11兆円とされた福島の事故対策費用は2016年には21・5兆円に増額。廃炉費用が6兆円増の他、除染、賠償、中間貯蔵施設、そして過去の不足分の費用まで上乗せされたのです。要するに原発は安いというのは大嘘で、民間企業ではあり得ない過去分まで負担させたいようです。

しかし私の脱原発の最大の理由は、費用もさることながら、処理方法すら確立していない核のゴミを貯め続けており、通常の廃炉作業で出る高レベル核廃棄物の最終処分場さえ決まっていない現実です。トイレのないマンションを未来に残してはいけないのです。

words　【もんじゅ】福井県敦賀市にある日本原子力研究開発機構の高速増殖炉。プルトニウム・ウラン混合酸化物（MOX）燃料を使用し、消費した量以上の燃料を生み出す高速増殖炉の実用原型炉。核燃料サイクルの計画の一環だったが、1995年に冷却材のナトリウム漏洩により停止。世界でも高速増殖炉はすべて中止されている。

なぜ新電力までが負担するのか

２０１７年の年初から誠におかしな話が聞こえてきました。安いはずの原発なのに、福島の廃炉費、賠償費、除染費のうち、廃炉費以外は9電力のみならず、原発に関係ない新電力にも負担させようとしているのです。

原発が本当に安いなら安全のための投資をしても安いはずなので、電力の自由化で消費者の選択を受けるべきです。もし再稼働ができないのなら、それは見積りが甘すぎたのです。そして東京電力が破たんするなら東京電力の株主も株価ゼロで責任を取る。その上で新電力も含めて国民全体が負担するならまだわかります。現実的には、送配電線使用料に上乗せするような方式になりそうです。東京電力管内なら約8・57円に上乗せされてしまうと、消費者は負担させられているという意識すら持てないでしょう。

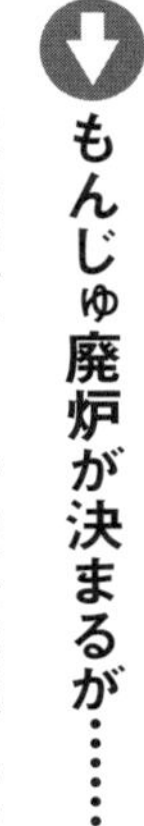

もんじゅ廃炉が決まるが……

また核燃料サイクルの正に核であった「もんじゅ」の廃炉が決定しました。

１９９４年稼動開始後、正常に運転できたのは、わずか２５５日ですが、「もんじゅ」だけでも1兆円もの巨費が投じられたのです。

今の停止状態でも1日５５００万円の維持費。廃炉も30年かかり費用は３０００億円。再稼働なら約６０００億円が必要とのことで、核燃料サイクル全体の総投資額は19兆円とも言われています。

ところがもんじゅを廃炉してもフランスの協力を得て「核燃料サイクルは続ける」という不可解な話もあります。大前提であった国産エネルギーではなくなることも含め、私は遺憾に思います。なお「19兆円の請求書」でネット検索してみて下さい。大昔からその破たんはわかっていたのかもしれません。

急激に増えた太陽光発電

原発の補完はできても、ベース電力としての代替にはならない

Point

◉原発は昼夜・天気を問わず一定の電力。太陽光は昼間のみで天気にも左右される
◉全量買取制度は有効。現在の価格なら10数年で回収の可能性も

太陽光発電の特徴と本当の実力と再生エネルギー買取制度

まず原発と太陽光発電には決定的な違いがあります。原発は昼夜を問わない一定のベース電力。太陽光は晴天の昼間のみに発電する変動電力だという点です。従ってベース電力の原発があって、昼の14時等冷房需要のピークに太陽光発電で補うなら良い補完関係なのですが、曇りの日は少なく、雨の日はさらに落ち、夜間は全く発電しない太陽光発電は、原発の補完はできても、代替は無理というのは明白な事実です。しかし私は、太陽光を否定しているわけではありません。

特に10ｋＷ以上の全量買取方式は、優遇税制を利用すれば効果があります。筆者の会社も２０１３年６月瑞穂充填所の事務所屋根に16・８ｋＷ、２０１４年10月は、危険物施設としてのＬＰガス充填所の屋根に都内初の26・４ｋＷのパネルを設置しました。

震災後の２０１２年７月から太陽光を中心とする再生可能エネルギー固定価格買取制度が発足。一般家庭用は余剰電力のみですが、２０１９年度価格は24～26円で余剰分のみ10年間。一方10ｋＷ以上は、２０１７年度価格は21円＋消費税ですが、20年間、全量買い取ってくれます（103ページ表参照）。

再生可能エネルギー発電設備の導入状況

下段は前月比	導入容量（万kW）		買取電力量（万kWh）		買取金額（億円）		認定容量（万kW）
	新規認定	移行認定	2017年3月分	制度開始からの累計	2017年3月分	制度開始からの累計	新規認定分
太陽光（住宅）	475	471	62,554	2,656,089	254	11,338	549
	+8		+13,660		+55		+0
太陽光（非住宅）	2,875	26	320,694	7,676,211	1,261	30,963	7,905
	+48		+66,953		+262		+147
風力	79	252	56,572	2,365,332	127	5,194	697
	+1		−17,750		−40		+236
中小水力	24	21	14,552	561,257	39	1,474	112
	+0		+1,561		+4		+21
地熱	1	0	920	14,804	4	64	9
	+0		+352		+2		+0
バイオマス	85	112	76,167	1,978,597	189	4,413	1,242
	+4		+15,598		+36		+645
合計	3,539	883	531,460	15,252,290	1,874	53,445	10,514
	+62		+80,373		+319		+1,050

出所：資源エネルギー庁

制度が始まった２０１２年７月は、10ｋW未満で42円。10ｋW以上で40円＋税金でしたので、太陽光パネルの価格も下がりましたが、より買取価格の方が下がりました。

その結果、純粋な投資としては合わなくなってきましたが、利益の出ている会社が、優遇税制を利用して、初期投資を一括損金算入すれば、10数年で元が取れるかもしれません。

一方10ｋW未満は余剰のみで、買取期限も10年なので、投資金額の回収は無理そうです。

この固定価格買取制度は非常に効果があり、制度開始から5年を経た２０１７年３月までに設置された発電容量は３５３９万ｋWと原発36基分です。また許可済みの認定容量に至っては１億５１４万ｋWになりました。

申請だけして完成させない事例もあるので実質半分としても、７０００万ｋWは固いところです。その内訳はほとんどが太陽光で、風力の新規は79万ｋWに留まっています。

風力発電の実力は？

日本の風力発電に立ちはだかる様々な問題

Point
◉台風、落雷、乱流、地震など日本列島の環境がコスト高に
◉周辺への低周波問題や景観の破壊、バードストライクなど環境問題も

世界の風力発電量は原発486基分

世界の風力発電は爆発的に増えていて、世界風力エネルギー会議（ＧＷＥＣ）の発表では、２０１６年でその設置容量は４８６ＧＷ。即ち１００万ｋＷ級原発の４８６基分に達しており、世界の電気の４％は風力発電です。

国別では２００７年まではドイツが、その後は米国がリードしましたが、今は２３３ＧＷで中国が第1位。２位は米国で82ＧＷ、３位がドイツで54ＧＷです。日本の風力発電は世界的には遅れており、19位の３・３ＧＷに過ぎないのは残念なことです。

日本の風力発電の現状

世界では導入が進み、そのコストも決して高くないと言われる風力発電ですが、日本における導入は左グラフの通りです。

専門家によれば、日本で風力発電を実現するための、主な問題点は次の通りです。

①台風。欧州基準の風速70ｍ／秒ではなくＪ基準の風速90ｍ／秒が必要でコスト増。
②落雷。日本海の冬の落雷は欧州基準以上。
③乱流対策。日本は海と山が隣接している。谷からの吹き上げや乱流が多く発生する。
④地震大国。耐震基準もコスト増。

words

【J基準】 欧州よりも厳しい日本の基準のこと。国土の狭い日本は風力発電所の設置場所が限られ、山の中腹など複雑な地形に建設せざるを得ない。吹く風もさまざまで、風車などへの負荷が一様ではない。また日本は、台風や落雷、地震等もすべて欧州より厳しい環境にある。近年も風力発電所の事故は毎年起きている。

⑤低周波騒音。日本は国土が狭く民家が近い。夜間も音を発生し、健康被害の報告もある。

⑥環境問題。最適地は国立公園等が多い。「景観の破壊」や「バードストライク」問題。

この他、無風では発電しないのは欧州と同じですが、不安定な電源なので、火力発電などのバックアップや一時的に電気をためるバッテリー、電圧の一定化や交流周波数調整など、解決すべき問題は多々あるようです。

２０１７年度の風力発電の買取価格は、洋上風力が36円＋税、20ｋＷ未満が55円＋税で変わらないものの、20ｋＷ以上は、21円＋税から、２０１８年度は20円＋税。２０１９年度は19円＋税と値下げです。買取期間は20年で変更なしです。

東京・江東区の若洲風力発電所

日本における風力発電導入量の推移

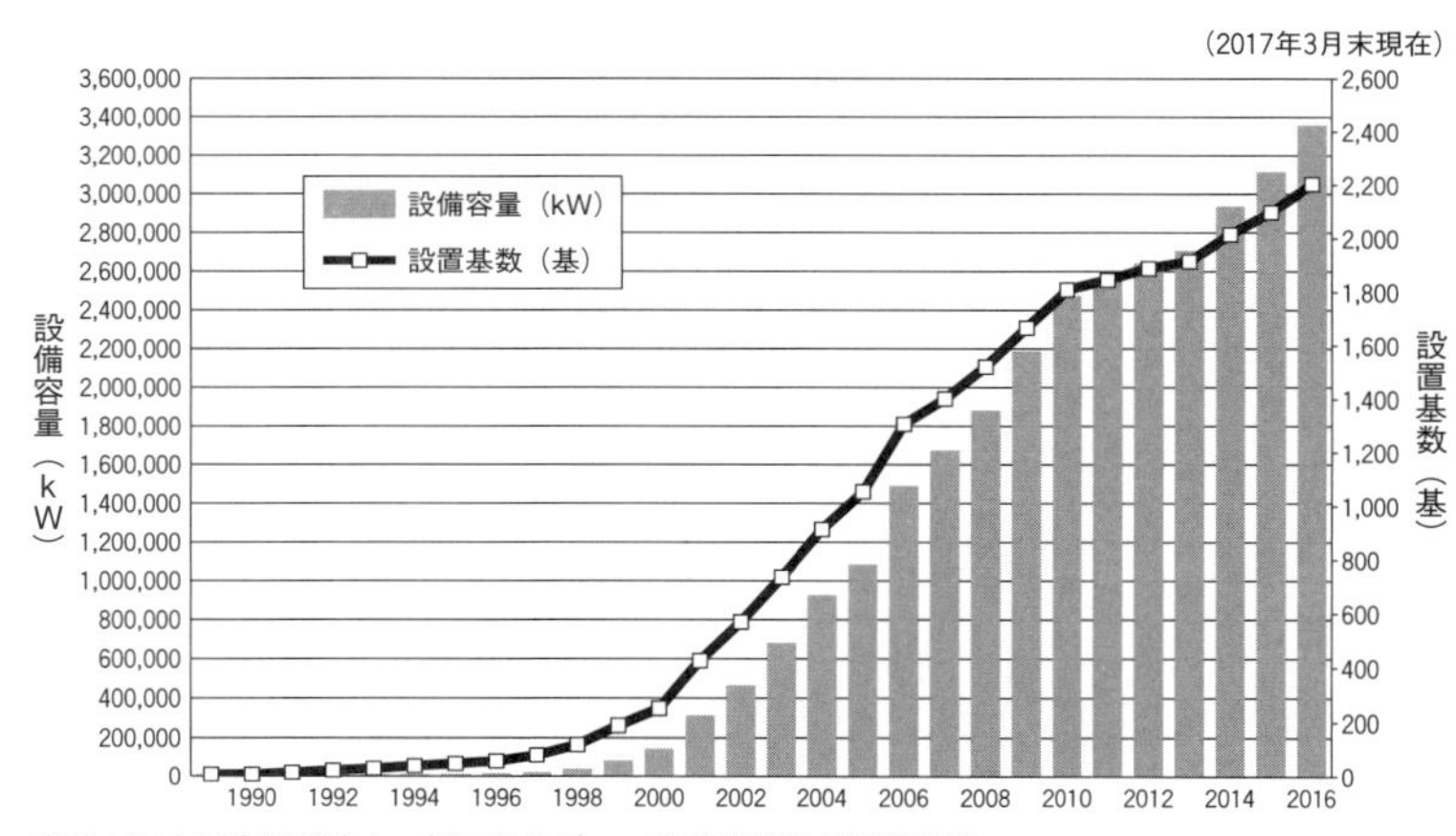

出所：国立研究開発法人　新エネルギー・産業技術総合開発機構

地熱発電の普及をとどめる要因は解消しつつある

Point

◉地熱発電は原発並みの補助金があれば採算に合う
◉潮流発電、波力発電……個別には補助金次第で黒字になるものも

期待される地熱発電

地震国あるいは火山国としての日本には、温泉は全国各地に数多く存在します。しかし、これまで地熱発電は、開発地が国立公園に多くあるということでの環境問題や地下の温泉水脈が変わって温泉が出なくなるのではという心配から、反対されてきました。

また以前の地熱発電は、地下の熱源に水を入れ、有害物質とともに吸い上げていたので、一部で環境破壊もありましたが、現在は、熱の媒体となる水を循環させているので、有害物質が外へ出ることはまずないそうです。

次ページの表は、資源エネルギー庁による、日本国内の主な地熱発電所です。総発電能力は53万ｋＷとまだ原発一基の半分程度で、初期投資が高く稼働までの期間が長いのが難点でしたが、再生エネルギー買取制度のお陰で２０１４年以降順次増えてきました。

２０１７年の買取価格は、１５０００ｋＷ未満で40円＋税です（それ以上は26円）。

現在計画中の案件を積み上げると、２０３０年には１５０万ｋＷになる予定です。

地元の補助金を利用したり原発並みの補助金をつけ、熱源探索や初期コストに充当すれば、稼働後は十分に採算に合うと思います。

日本の主な地熱発電所

発電所名	所在地	開発企業名	設備容量(kW)	発電認可出力(kW)	運転開始(年)
森	北海道	北海道電力㈱	25,000	25,000	1984
澄川	秋田	三菱マテリアル㈱，東北電力㈱	50,000	50,000	1995
松川	岩手	東北水力地熱㈱	23,500	23,500	1966
葛根田1号	岩手	東北水力地熱㈱，東北電力㈱	50,000	50,000	1978
葛根田2号	岩手	東北水力地熱㈱，東北電力㈱	30,000	30,000	1996
上の岱	秋田	秋田地熱エネルギー㈱，東北電力㈱	28,800	28,800	1994
鬼首	宮城	電源開発㈱	25,000	15,000	1975
柳津西山	福島	奥会津地熱㈱，東北電力㈱	65,000	65,000	1995
八丈島	東京	東京電力㈱	3,300	3,300	1999
大岳	大分	九州電力㈱	12,500	12,500	1967
八丁原1号	大分	九州電力㈱	55,000	55,000	1977
八丁原2号	大分	九州電力㈱	55,000	55,000	1990
八丁原バイ	大分	九州電力㈱	2,000	2,000	2006
滝上	大分	出光大分地熱㈱，九州電力㈱	27,500	27,500	1996
大霧	鹿児島	日鉄鹿児島地熱㈱，九州電力㈱	30,000	30,000	1996
山川	鹿児島	九州地熱㈱，九州電力㈱	25,960	25,960	1995
大沼	秋田	三菱マテリアル㈱	10,000	9,500	1974
杉乃井	大分	㈱杉乃井ホテル	1,900	1,900	2006
九重	大分	まきのとコーポレーション	990	990	1999
霧島国際	鹿児島	大和紡観光㈱	100	100	2010
五湯苑	大分	西日本地熱発電㈱	144	144	2014
湯山	大分	西日本地熱発電㈱	144	100	2014
コスモテック別府	大分	㈱コスモテック	500	500	2014
菅原バイナリー	大分	九電みらいエナジー㈱九重町	5,000	4,400	2015
わいた	熊本	合資会社わいた会（中央電力）	2,000	1,995	2015
土湯温泉16号	福島	つちゆ温泉エナジー㈱協同組合	440	440	2015
メディポリス指宿	鹿児島	メディポリスエナジー㈱	1,580	0	2015
その他			861	3,030	
合計			532,219	521,659	

出所：資源エネルギー庁　2015年度資料より

成功のキーワードは地産地消

その他の自然エネルギーとしては、海の近くで潮の流れを利用した「潮流発電」、波の上下動を利用した「波力発電」、川の流れを利用する「河川発電」など中小水力発電もあります。

それぞれ個々の発電能力は、原発と比べれば見劣りしますが、その発電する自然環境に恵まれた地域で消費していけば、地元の活性化にも雇用にも、環境対策にもよいでしょう。

少なくとも、建設後のランニングコストが既存電力と同等の範囲内の案件については、原発並みの補助金を出し、イニシャルコストに充当すれば、地産地消発電は最初から黒字となり、今後、大いに増えるでしょう。

地産地消という意味では、各種産業廃材からエネルギーを得る試みも、各地で行なわれています。

進化する石炭火力発電

ガス化複合火力発電が日本を救う？

◉石炭をそのまま燃やす→超微粉炭にして燃やす→ガス化炉で加熱してタービンを回す、と進化
◉水素を取り出す技術としても、石炭ガス化に注目

石炭火力の欠点は技術で克服

石炭は環境には良くないイメージがありますが、ガス化すれば環境にも良く、第2章の46ページで説明した通り価格も安く安定しているので、最新の石炭ガス化複合火力発電（ＩＧＣＣ：Integrated coal Gasification Combined Cycle）は、日本を救ってくれるかもしれません。

昔の石炭火力発電は、石炭をそのまま燃やしていましたが、現在の石炭火力発電は、燃焼効率を上げるために、石炭を細かい粉状に加工した超微粉炭を使っています。

さらに近年は石炭を直接ボイラーで燃やすのではなく、ガス化炉で加熱して可燃性のガスにして、ジェットエンジンのようなガスタービンを回して発電します。

同時に、ガスタービンの排熱を利用してボイラーを動かし、蒸気タービンでも発電するコンバインドサイクル方式にすることで、さらに効率を上げているのです。

株式会社クリーンコールパワー研究所の実証機は東日本大震災で被災しましたが、２０１１年８月に運転を再開。その後電力会社などが出資する常磐共同火力株式会社がその設備を引き継ぎ、現在は福島県いわき市の勿来

IGCCのしくみ

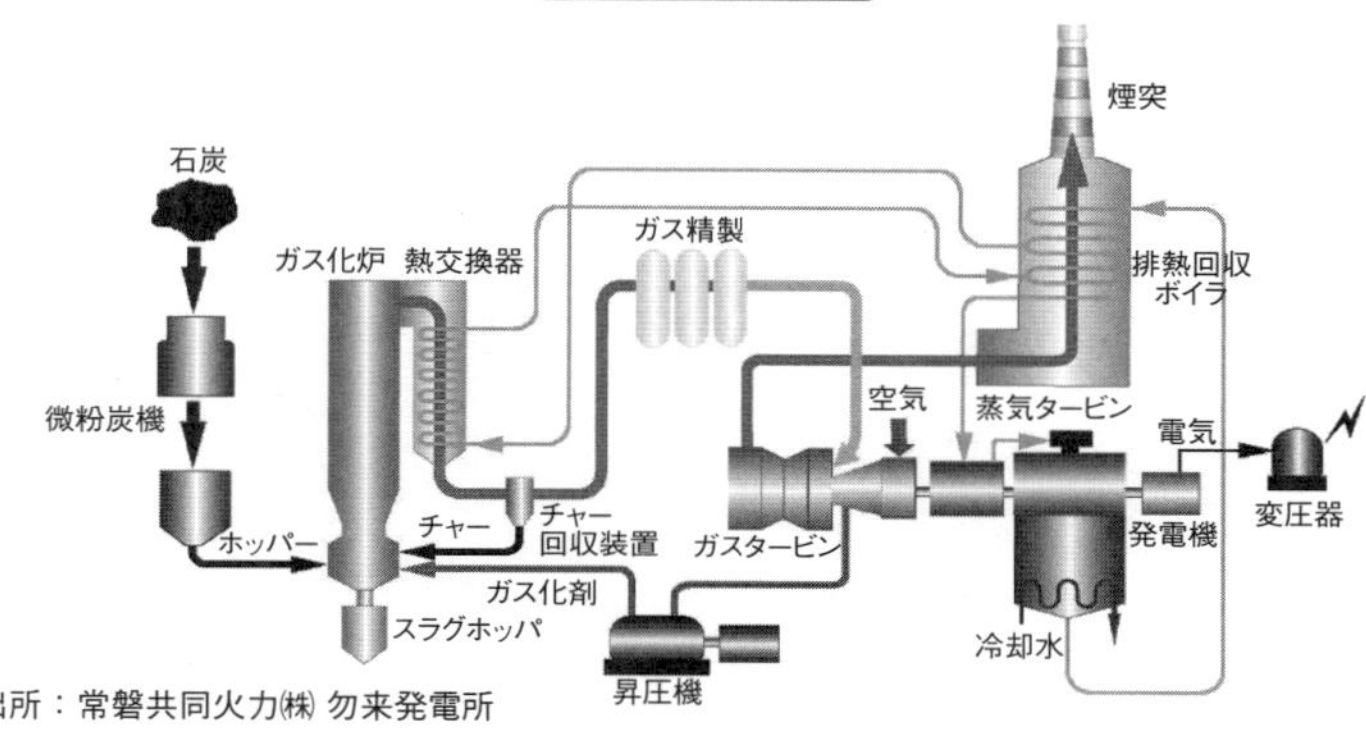

出所：常磐共同火力㈱ 勿来発電所

（なこそ）発電所の10号機として稼働中です。

商用化段階でのエネルギー効率は48～50％程度が見込まれ、最新のLNG式コンバインドサイクルの発電効率の55％にはやや劣ります。

しかし燃料としては石炭の方がLNGよりはるかに安く、また価格も長期的に安定しているので十分採算に合うと考えられているのです。

石炭ガス化技術

この石炭ガス化技術は、将来必要となる水素を石炭から取り出す技術にもなりますので、少し専門的になりますがご紹介します。

まず超微粒炭に空気（酸素）を吹き付け、加熱するとメタンなどの炭化水素ガスや水蒸気などが発生し、炭素が残ります。

この炭素と吹き付けられた酸素が反応して、二酸化炭素と一酸化炭素が発生します。

さらに周囲の水蒸気と炭素が反応して、一酸化炭素、二酸化炭素、水素が発生します。

そして高温高圧下で反応させると、最終的に一酸化炭素と水素の混合気体になります。

従来の石炭火力発電と比較すると、IGCCのCO_2排出量は、およそ1～2割削減できるといわれています。またCO_2を分離回収して地中にCCSという技術で廃棄すれば、さらにCO_2の排出量は削減できます。

メタンハイドレートは日本を救うか

試掘でメタンガス回収に成功も、商業化への道のりはまだ遠い

Point

◉愛知・三重県沖の水深1000mの海底からさらに300mの深さで掘り当て、回収に成功

◉商業生産開始まで、まだ1〜2割程度の進捗レベルにすぎない

燃える氷「メタンハイドレート」

日本は世界有数の海洋国家で、排他的経済水域は世界で第6位を誇っています。

その水域内の海洋資源として、東シナ海のガス田や日本近海のメタンハイドレート、そして海溝近くの熱水鉱床等に存在するレアアース（希少金属）などが注目されています。

この中で将来のエネルギーとして期待されるメタンハイドレートは「燃える氷」とも呼ばれ、天然ガスの成分であるメタンを水分子が籠状に取り囲み、海底下や低温高圧の下でシャーベット状に結晶化した物質です。

2013年3月、JOGMEC（独立行政法人石油天然ガス・金属鉱物資源機構）は、愛知・三重県沖の水深1000mの海底からさらに300mの深さまで試掘し、氷状のメタンハイドレートを掘り当て、世界で初めて、メタンガスの回収に成功しました。

また2017年5月に行われた2回目の試掘では、1本目の井戸で12日間の合計で3.5万㎥、2本目の井戸は24日間の合計で20万㎥の産出に成功しました。

このメタンハイドレートは、愛知県の渥美半島沖から九州沖の太平洋岸に広く分布すると言われ、その総量は、一説には、日本の天

words 【JOGMEC（Japan Oil,Gas and Metals National Corporation）】2002年に公布された「独立行政法人石油天然ガス・金属鉱物資源機構法」に基づき、2004年に設立された団体。従来の石油公団と金属鉱業事業団の機能を引き継ぎ、その後、災害時の石油・LPガスの供給や資源開発への支援等の目的も追加された。

然ガス需要の100年分という嬉しい数字もあります。

しかしまだ克服すべき課題も非常に多く、2017年の試掘でも、1本目は砂でパイプが詰まってしまうトラブルに見舞われました。2本目では砂のトラブルは回避されたものの、生産レートの増加は確認できず、生産技術を確立する上で課題を残す結果となりました。

今後の開発計画の方向性としては、米国での陸上においての試掘でインドの東岸沖での試掘試験を共同で行うなどして、生産技術の蓄積をしていきたいとしています。

すでに開発費は200億円をつぎ込んだそうですが、まだ「夢の資源」の域を出ていない。商業生産に必要な技術や課題が10あるとすれば、まだ1とか2のレベルだと言う人もいます。当局も2027年まで商業生産開始の目標を後退させるようです。

私は資源のない日本として仮にLNG価格が安くても開発をあきらめてはいけないと考えます。開発は国内ですから、その費用は、技術の蓄積と国内経済対策にも繋がり、将来の国富の流出を食い止めるのです。

少なくとも20兆円も投入して、何の成果もあげられない、核燃料サイクルへの投資を思えば、全く問題ありません。

むしろ資源価格が安いうちにしっかり投資しシェールガスが米国を救ったように、メタンハイドレートが、未来の日本を救えばよいと思っています。

メタンガスの採掘に成功　　出所：JOGMEC

一般家庭用をいかに省エネするか

地元密着のLPガス販売店がエネルギーコンサルタントに！

Point

◉業者に相談しても、自社都合が優先され、本当のベストの選択かはわからない
◉LPガスや灯油販売店ならお客様と十分な会話ができる

ベストミックスを提案できるアドバイザーが必要

CO_2削減という環境問題を産業分野や一般業務用といった分野別比較で見るとき、その対策が一番遅れているのは一般家庭用なのですが、これはなぜかあまり知られていません。ではどこに問題があるのでしょうか。

たとえば、一般のユーザーが、自宅の新築や改築の際に、電気、都市ガスあるいは灯油など、家庭用のエネルギーの中で、どれが一番安いのか、効率的なのか、そして環境に良いのかを考えたい時、まずは各エネルギー供給会社に相談するでしょう。

電力会社は「ヒートポンプでお湯を沸かすエコキュートが良い」と答えるでしょう。

このシステムの優れているところは、エアコンに代表されるヒートポンプの原理を給湯に応用しただけでなく、その冷媒を従来のフロンから炭酸ガスに代替したことです。

その圧縮率は100気圧という高圧で、効率も良いそうです。そして厨房もＩＨクッキングヒーターなどへの変更やオール電化をお勧めするでしょう。

都市ガス会社に聞けば、高効率給湯器や家庭用燃料電池、ヒートポンプ式の給湯器のリンナイエコワンをお勧めし、厨房はやっぱり

words 【Dr.おうちのエネルギー】省エネルギーセンター監修のもと、ENEOSグローブやJGEの研修を経て、育成・認定されたエネルギー診断士が希望の家庭を訪問。間取り、世帯人数、省エネ意識に始まり、使用する設備機器、住宅の断熱性能等を評価。後日、改善提案とともにそれを実施した場合のコスト削減額等も算出できる。

ガスだねで直火の調理を勧めるでしょう。

石油業界に聞けば、圧倒的に安い灯油式のファンヒーターをお勧めするでしょう。

一方、太陽電池メーカーに聞けば、年々効率が良くなる太陽光発電を勧めるでしょう。

各社、嘘は言わないと思いますが、各家庭の個別の使用状況に合ったベストの選択かは各社に相談しただけではわからないのです。

その意味では特定のエネルギー供給会社にとらわれず、公平な立場で、省エネやベストミックスエネルギーを提案する一般家庭向けのアドバイザーが必要だと思います。

一部の設計コンサルタントには、この方面に詳しい方がいらっしゃるようですが、一般化されているとは言えません。

一方、住宅メーカーも先進的な研究をしていますが、各エネルギー供給会社との関係もあり、自由な立場で物を言うのは、やはり難しいのではないでしょうか。

地元密着のLPガス販売店や灯油販売店にチャンス

一般の訪問販売員が営業で各家庭を訪問しても、97％はインターホンで断わられると聞いています。しかしLPガスの販売、配達や検針、灯油の配達などで信頼を得ている業者であれば、お客様と十分な会話ができるはずですし、LPガスの保安点検ならば、厨房にも入れるのです。

この恵まれた環境にいることに気がつけば、地域に密着したガス業界や石油業界の販売店が、一般家庭向けのエネルギーコンサルタントとして、その重要な役割を果たすことができると思います。

その一例はJX系のENEOSグローブやJGE系で行われている「**Dr.おうちのエネルギー**」による診断サービスかもしれません。省エネの重要性は、新たな油田やガス田の発見にも匹敵するのです。

わが国エネルギー政策への提言

脱原発、将来の資源確保に向けて国家戦略の再構築を

Point

◉日本を縦断する高圧電線網、天然ガスパイプラインの強化が必要

◉燃料電池車以外にも水素の利用方法を検討すべき

資源安の今こそ開発権確保の好機

アベノミクスによる円安政策で、エネルギーの鉱物資源4品の輸入額は2010年度の18兆円から2013年度の28兆円へと10兆円も増加し、日本は貿易赤字に転落しました。

その後は、シェールガス・オイル増産効果による資源価格安で、2016年度は13兆円まで減少し、日本を救いました。

しかし無資源国日本は安心してはいけません。今こそ、安くなった開発権を確保しておくべきだと思います。その後押しに、民間企業の資源開発投資は、企業が希望すれば、全額損金算入を認めるくらいの税制的な後押しが必要でしょう。後年その投資で利益が出てから、ゆっくり税が増えるのを待つくらいの配慮が必要だと思います。

電力問題については、稼働40年超の原発は順次停止し新規も作らない。そして福島の廃炉や40年超の原発の廃炉で出る高レベル廃棄物の処分場の確保は最優先課題でしょう。

電力は、日本を縦断する高圧電線網の整備を、国の事業として進めるべきでしょう。

北海道等には風力発電資源があるのに高圧電線の能力不足で運べないなら、もったいない話です。

天然ガスパイプラインは必要

高圧電力線は一応北海道から九州まで繋がっていますが、天然ガスパイプラインとなると誠に脆弱なのでこの強化は必須です。

これは、東京ガス、大阪ガス、東邦ガスから提供予定の高圧配管の分離会社の作業と合わせて、まずは東京・神奈川の沿岸部から静岡のＬＮＧ基地までの高圧パイプラインは、全額国の補助で良いくらい必要なインフラです。新幹線のトンネルを使わせてもらうとは申しませんが、東名高速道路の下を利用するくらいの規制緩和は必要でしょう。

ＬＮＧの先物市場は、ＬＮＧの世界最大の輸入国の日本にこそ必要だと思います。

投機筋のギャンブル場にしないために、現業者に絞れとは申しませんが、日本で作るならその規制も可能でしょう。あとは電気同様卸売市場も早く創設してほしいと思います。

エネルギー国家戦略は長期的視野で

水素の利用も本気で考える必要があります。経済原則次第ですが、燃料電池車と水素スタンドの普及がミクロの積み上げなら、私は天然ガス発電への水素の５％混入や、戦前の都市ガスは水素も混じっていたので、都市ガスに水素を３％程度混入するのも数量稼ぎには有効だと思います。今のコストはＬＮＧの方がはるかに安いとは思いますが、それは地球温暖化対策費用との見合いで決まるでしょう。

メタンハイドレート同様、技術立国日本を支えるレアメタル等の資源開発も重要だと思います。特に現状ＥＶを支えるリチウムイオン電池には必須です。

最後には、エネルギー各社がその重要性をよりＰＲし、エネルギー関係者だけでなく、国民全体で、日本のエネルギー問題を考えてほしいと思います。

おわりに

初発刊は２０１３年の11月でした。それから4年3カ月しか経過していないのに、電力業界、そして都市ガス業界は、大激変期を迎え、現在はその荒波の真っ最中だと思います。日本の改革は何かにつけ遅いと言われますが、少なくとも電力業界の自由化は、動き始めてからは早かったように思います。自由化から1年半で、全世帯の10数パーセントの消費者がその恩恵を受け、そして2年を経た今でも毎月未だに切り替えが続いているということは、間違いのない事実で多いに意味があるでしょう。今後は、発送電の法的分離作業が待っていますが、工程表に従い粛々と実行していくわけです。発送電の法的分離は、発電事業者への自由化促進だと思うので、私は一般消費者への影響は少ないと思います。

電力自由化との公平性から、都市ガスの自由化も２０１７年から始まりましたが、こちらは、準備不足が露呈してしまったように思います。だからと言って、自由化を数年遅らせた方がよかったとは思いません。むしろ自由化に向けての環境がこれだけ整っていない中で、よくぞスタートさせたと、当局や関係者各位のご英断に賛辞を贈りたいと思います。

私自身も今回の全面改訂において、一番勉強したのは、正に都市ガスの自由化でした。電力とは違い、パイプライン網は脆弱。都市ガスの規格に合わせるための熱量調整装置も、都市ガス会社以外はほとんど持っていない。電力のような卸売市場もない。ＬＮＧの備蓄基地もない。それを補う先物市場もない。今ある貯蔵タンクの開放問題も進んでいない。

高圧導管の法的分離会社の設立も、東京ガス、大阪ガス、東邦ガスの3社のみにて設立予定で、4社目以降が入らなかった理由は、単に規模の差だけなのか。その根拠は示されていないようでした。

関西圏でこそ関西電力と大阪ガスの競争が始まりましたが、関東では2018年初め時点でもまだ微風です。東京ガスから導管でガスの卸売供給を受けている関東圏の中小都市ガス会社が、東京ガスエリアに売り込むのは、日本的常識では、無理かもしれません。

そして最後は保安問題です。業界有識者の方々にいろいろお伺いしましたが、最終着地点が見えません。以上、都市ガスの自由化は、走りながら考え実行していると思います。

水素に関しては、私自身Ｔｏｋｙｏスイソ推進チームのメンバーですが、本当にＦＣＶや水素スタンド社会が来るのか。最後は規制緩和と補助金も含めた経済原則で、消費者が正しい選択をしてくれると思います。水素が本当に環境に良く、数量が必要なら、天然ガス発電への一部混入が一番現実的だと思いますが、それも最後はコストの問題でしょう。

以上、ＬＰガス以外は素人同然の私でしたが、やや辛口で書いてしまった都市ガスについても、業界の方から親切丁寧にご指導頂き、全面改訂作業を終えることができました。立場の違いを乗り越えてのご協力に、心から深く御礼を申し上げる次第です。

本書が業界の垣根を超えたガスエネルギー本として、皆様のお役に立てれば幸いです。

２０１８年2月

著　者

日本の輸出入金額と貿易収支とエネルギー輸入割合

	輸出総額	輸入総額	貿易収支 －は赤字	為替レート	鉱物性燃料合計	
年度	金額 （億円）	金額 （億円）	金額 （億円）	年度平均 （円/ドル）	輸入割合	金額 （億円）
2016	715,247	675,179	40,068	108.4	19.5%	131,377
2015	741,174	752,205	−11,031	120.4	21.4%	160,675
2014	746,703	837,948	−91,245	110.0	30.0%	250,988
2013	708,564	846,053	−137,489	100.2	33.6%	284,131
2012	639,405	721,168	−81,763	82.6	34.2%	246,682
2011	652,885	697,106	−44,221	79.0	33.2%	231,321
2010	677,888	624,567	53,321	85.7	29.1%	181,438
2009	590,079	538,209	51,870	92.5	28.4%	152,595
2008	711,456	719,104	−7,648	102.8	34.0%	244,822
2007	851,134	749,581	101,553	113.8	29.7%	222,441
2006	774,606	684,473	90,132	116.8	27.0%	184,466

各エネルギーの輸入数量、単価、金額の推移　2006-2016年度

	原油及び粗油			液化天然ガス			液化石油ガス			石炭		
年度	数量 （万kℓ）	単価 （円/ℓ）	金額 （億円）	数量 （万t）	単価 （円/kg）	金額 （億円）	数量 （万t）	単価 （円/kg）	金額 （億円）	数量 （万t）	単価 （円/kg）	金額 （億円）
2016	19,006	32.5	61,795	8,475	39.3	33,339	1,057	44.7	4,726	18,941	10.1	19,175
2015	19,921	37.0	73,720	8,357	54.4	45,477	1,091	53.0	5,779	19,155	9.7	18,640
2014	19,355	61.3	118,591	8,907	87.1	77,547	1,167	80.6	9,406	18,769	10.9	20,403
2013	21,418	69.2	148,264	8,773	83.7	73,424	1,200	93.2	11,185	19,559	12.0	23,435
2012	21,102	59.4	125,255	8,687	71.5	62,141	1,327	71.5	10,645	18,377	12.1	22,231
2011	20,984	56.7	118,938	8,318	65.0	54,044	1,270	73.1	9,280	17,538	14.4	25,250
2010	21,501	45.4	97,559	7,056	50.3	35,492	1,252	66.1	8,283	18,664	12.1	22,615
2009	21,270	40.4	85,874	6,635	43.0	28,552	1,181	54.5	6,438	16,478	11.0	18,158
2008	23,299	58.5	136,395	6,813	66.0	44,980	1,324	75.1	9,941	18,551	17.5	32,552
2007	24,307	56.3	136,932	6,831	50.9	34,749	1,374	79.7	10,945	18,759	9.5	17,835
2006	24,356	46.7	113,644	6,331	43.1	27,299	1,413	63.3	8,945	17,934	9.0	16,079

各エネルギーの輸入単価から算出した1MJのコストの原油比較2016年度

原油	38.2　MJ/ℓ 0.85　円/MJ 1.00　原油比	LNG	54.6　MJ/kg 0.72　円/MJ 0.85　原油比	LPG	50.8　MJ/kg 0.88　円/MJ 1.03　原油比	石炭	25.7　MJ/kg 0.39　円/MJ 0.46　原油比
	*155万t170万kℓ		*95万t		*102万t		*235万t

＊印は100万kW原発の平均的な1年間の総発電量を火力で発電した時の年間使用量
出所：原発、原油換算は資源エネルギー庁。輸入数量・金額等は、財務省貿易統計

ＬＰガス警報器の普及率と事故件数

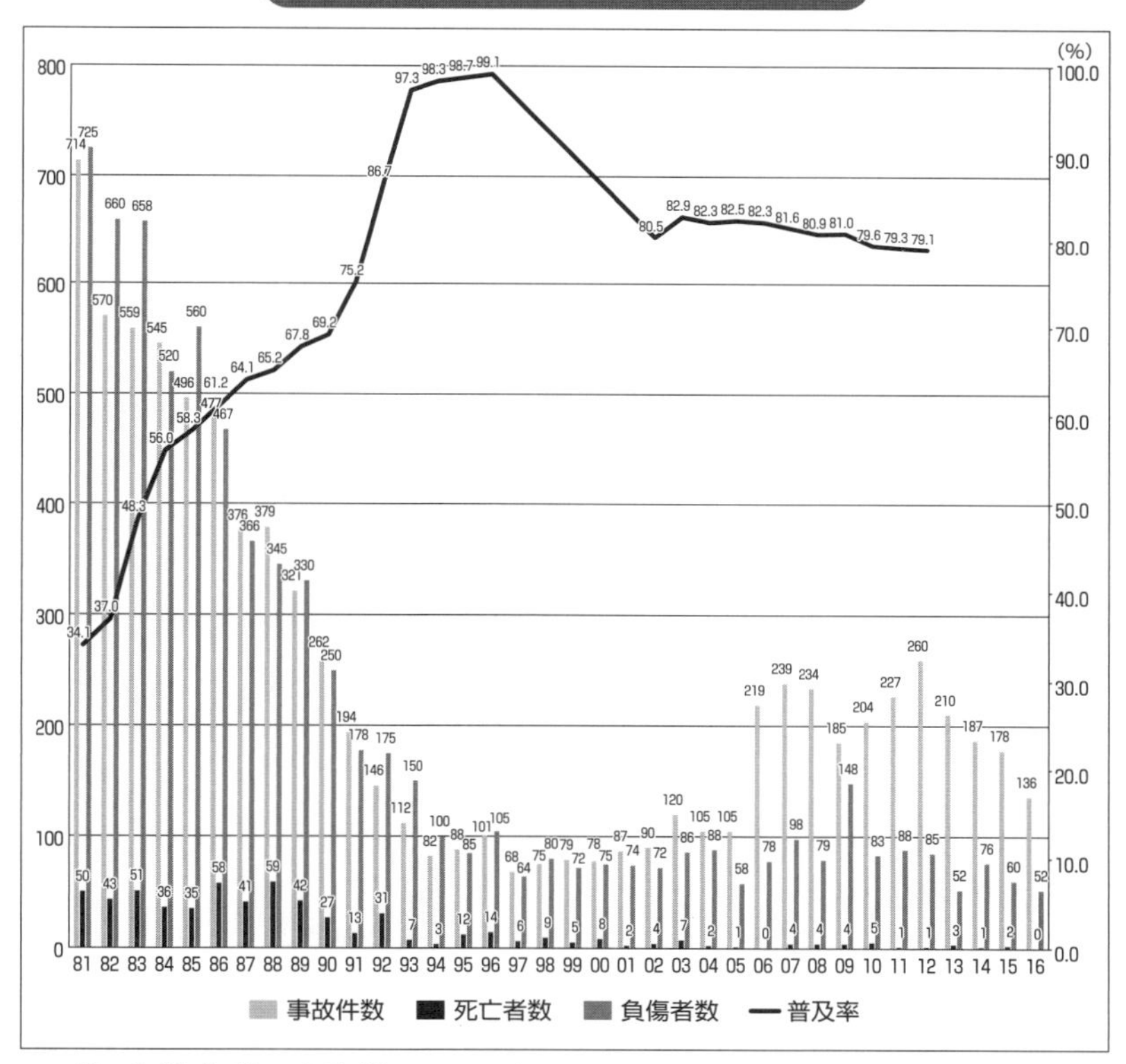

LPガスと都市ガスの事故について

LPガスの事故は、1980年代前半までは年間約500件。死亡者も50名近く存在したが、近年は大幅に減少し、2016年は136件、死亡者はゼロ。2016年の都市ガスの事故は464件、死亡者ゼロ。これは警報器の普及とマイコンメーター等の安全機能の効果と思われる。

水素、メタン、プロパン、ノルマルブタン物性表

名称	分子式	分子量	熱量いずれもHHV		ガス密度	液密度	沸点	燃焼範囲%	理論
			kJ/Nm³	kJ/kg	kg /m³	g/cm³	液化温度	下限ー上限	空気量
水素	H_2	2.0	12,760	142,915	0.09	0.07	−253℃	4.1-74.2	2.4
メタン	CH_4	16.0	37,707	55,575	0.68	0.30	−162℃	5.0-15.0	9.6
プロパン	C_3H_8	44.1	93,935	50,368	1.87	0.51	−42.1℃	2.0-9.5	24.3
n-ブタン	C_4H_{10}	58.1	121,790	49,546	2.46	0.58	−0.5℃	1.5-9.0	32.1

出所：日本LPガス協会、水素エネルギー協会、GPA Technical Standards 他

参考文献

1 「ＬＰガス読本」2015年３月版　日本ＬＰガス団体協議会
2 「日本のＬＰガス統計」2015年版　日本ＬＰガス協会
3 「ＬＰガス資料年報」2017年度版　石油化学新聞社
4 「都市ガス事業の現況」2017～2018年版　日本ガス協会
5 「ガス事業便覧」平成28年版　日本ガス協会
6 「ガス年鑑2017」㈱テックスリポート
7 「今日の石油産業　2017」石油連盟
8 『BP 統計2017（BP Statistical Review of World Energy）』
9 「石油資料」平成29年版　石油通信社
10 資源エネルギー庁　エネルギー白書2017他　各種委員会・各種調査報告書
11 東京ガス　CSR会社案内2017、Investors'Guide 2017、2020ビジョン
12 『よくわかる石油業界』弊著　日本実業出版社　2017/3/1 最新５版

参考ホームページ

1 資源エネルギー庁　http://www.enecho.meti.go.jp/
エネルギー白書　都市ガススイッチング　再生可能エネルギー導入他多数
2 財務省貿易統計
http://www.customs.go.jp/toukei/suii/html/time.htm
3 日本ＬＰガス協会　http://www.j-lpgas.gr.jp/index.html
4 日本ガス協会　http://www.gas.or.jp/
5 電気事業連合会　http://www.fepc.or.jp/
6 独立行政法人石油天然ガス・金属鉱物資源機構
http://www.jogmec.go.jp/
7 天然ガス鉱業会　http://www.tengas.gr.jp/index.html
8 石油鉱業連盟　http://www.sekkoren.jp/
9 電力・ガス取引監視等委員会　www.emsc.meti.go.jp/
10 電力広域的運営推進機関ホームページ　https://www.occto.or.jp/
11 一般社団法人日本風力発電協会JWPA　jwpa.jp/
12 東京ガス株式会社　http://www.tokyo-gas.co.jp/　他都市ガス各社
13 ENEOS グローブ株式会社　http://www.eneos-globe.co.jp/
他ＬＰ元売各社
14 海外サイト　BP　EIA　他

垣見裕司（かきみ　ゆうじ）
東京麹町生まれ。成蹊大学工学部経営工学科卒。高校時代、硬式庭球で個人団体とも東京代表でインターハイ出場。成蹊高校硬式庭球部監督を務める。卒業後 垣見油化株式会社入社、1994年代表取締役専務、2015年より現職 代表取締役社長。インターネットHPを通じての情報発信、講演活動、「真の顧客満足は、従業員全員の心からのやる気と満足度から生まれる」等、資源エネルギー庁関係の調査研究事業等の業界貢献も行なっている。個人理念「気愛を込めて、碁縁を大切に、感謝こそすべて」。趣味、ゴルフ、テニス、フルマラソン、囲碁七段。著書に『最新〈業界の常識〉よくわかる石油業界』があり、「月刊ガソリンスタンド」（月刊ガソリンスタンド社）にもコラムを持つ。
2001-02年、09年　資源エネルギー庁　石油流通課研究会委員
2002-07年　同庁 石油販売業経営高度化調査・実現化事業委員長
2010-13年　水素スタンドビジネスモデル検討委員会委員
（トヨタ系シンクタンク㈱テクノバ主催）
2014-17年　水素社会の実現に向けた東京戦略会議　委員
（東京都舛添知事→小池知事主催）
2017-18年　Tokyoスイソ推進チーム　運営委員
2018年　東京都石油商業組合　理事
2015-16年　東京紀尾井町ロータリークラブ会長

最新《業界の常識》
よくわかるガスエネルギー業界

2013年11月1日　初版発行
2018年3月10日　最新2版発行

著　者　垣見裕司
発行者　吉田啓二

発行所　株式会社日本実業出版社　東京都新宿区市谷本村町3-29 〒162-0845
大阪市北区西天満6-8-1 〒530-0047
編集部 ☎03-3268-5651
営業部 ☎03-3268-5161　振　替　00170-1-25349
http://www.njg.co.jp/

印刷／壮光舎　製本／共栄社

この本の内容についてのお問合せは、書面かFAX（03-3268-0832）にてお願い致します。
落丁・乱丁本は、送料小社負担にて、お取り替え致します。

ISBN 978-4-534-05569-9 Printed in JAPAN